U0956960

沧浪

丛书①

赵 建 编著

多一点点就成功

九州出版社
JIUZHOUPRESS

图书在版编目(CIP)数据

多一点点就成功/赵建编著. —北京:九州出版社,2007.8
("多一点"书系)
ISBN 978-7-80195-638-5

Ⅰ.多… Ⅱ.赵…… Ⅲ.成功心理学—通俗读物
Ⅳ.B848.4-49

中国版本图书馆 CIP 数据核字(2007)第 121965 号

多一点点就成功

作　　者　赵　建
责任编辑　武　超
责任校对　许琳琅
出版发行　九州出版社
地　　址　北京市西城区阜外大街甲 35 号(100037)
发行电话　(010)68992190/2/3/5/6
网　　址　www.jiuzhoupress.com
电子信箱　jiuzhou@jiuzhoupress.com
印　　刷　北京忠信诚胶印厂
开　　本　680×960 毫米　16 开
印　　张　14
字　　数　210 千字
版　　次　2007 年 10 月第 1 版
印　　次　2007 年 10 月第 1 次印刷
书　　号　ISBN 978-7-80195-638-5/B.230
定　　价　22.00 元

★ 版权所有　侵权必究 ★

序言

多一点点就成功

毋庸讳言，每一个人都想获得成功，那什么才算是成功呢？事实上，成功没有绝对，只有相对，我们一般说一个人获得了成功，都是相比较于周围之人或者大众而言。那么为什么别人能成功，而我们不能呢？最深层的原因就在于别人比我们“多一点点”：多懂得一点点做人的道理，多用了一点点交际的窍门，多明白一点点生活的智慧，多掌握一点点职场的法则，多认识一点点财富的真相，多学习了一点点说话的艺术……

“多一点点”思维，可以说是最接近成功的一种思维，也是我们最容易忽视的一种思维。如果你用心去观察，就会发现，很多时候成功与失败的区别就在于是否具有这种思维。

记得散文家李雪峰就曾写过一篇题为《只多一点点》的文章，其所揭示的正是这种思维的功用：

栖霞是闻名全国的苹果主产区，这里的苹果个头大、汁多、脆甜，深受全国各地人们的喜爱，几家较早开辟苹果园的人，很快就富了。

见种植苹果的人富了，许多人蜂拥而起一下子建起了许多苹果园，没几年，栖霞遍地是苹果。苹果成熟时，堆积如山的苹果销路成了问题，让许多果农愁得一夜白了头。一个果农担忧地对自己的儿子说：“苹果这么难卖，明年咱们毁掉果园种其他的吧。”

果农的儿子说：“咱们果园经营这么多年，好不容易才刚到盛果期，毁掉就前功尽弃了，几年的血汗就白流了。”

果农伤心又无奈地说：“那又有什么办法呢？”

果农的儿子说：“先不要毁，让我再想想办法吧。”

第二年5月份，当苹果长到半熟，其他的果农悠闲地在树下打牌、聊天，等着果园里的苹果成熟时，这个果农的全家人却开始忙碌起来了，他们拿着剪好的“喜”、“祝你发财”等的一张张剪纸，用不干胶将这些剪纸一一贴到那些个头大、果形好的苹果上，只几天便把整个果园的苹果给贴满了。其他的果农说：“苹果都半熟了，还忙什么？歇着等苹果熟就行，销路难找，是大家都难找，你一家忙什么？”这个果农笑笑说：“没啥，闲着也是闲着，我只是比大家稍稍多忙一点点。”

苹果成熟后，销路仍然很难找。当其他果农为自己堆积如山的苹果忧愁得寝食难安时，这个果农的果园却挤满了全国各地来的水果商；甚至许多水果商为订到苹果竟排起了长队，有的主动上浮了苹果的价格。邻近的果农看着川流不息驶向这家果园的大货车，不明白同是红富士，苹果个头、果形也差不多，为什么他家的客商络绎不绝，而自己家却门可罗雀呢？他们拦住了一位水果商，水果商拿出两个苹果说：“人家的苹果上有‘喜’字，有‘祝你发财’，这样的苹果在市场上很抢手，你们有吗？”几位果农明白了，原来人家在半熟的苹果上贴剪纸，苹果熟后，那剪纸就在苹果上留下了清晰的字迹。但这并不是多么复杂的事情呀，有字的苹果，仅仅比普通的苹果多一个或几个字嘛，不就多了一点点吗，怎么销售时差别却这么大呢？

一位水果商说："不错，就是只多了那么一点点，所以多一点点的和少一点点的，就有了天壤之别了。"

难道不是这样吗？有许多人原本和我们一样，只是他们比我们多了一点点的勤奋，所以他们成功了，而我们却依旧普通；有许多人原本和我们一样，只是他们比我们多了一点点人生的执著，所以他们创造了奇迹，而我们却碌碌无为……

只多一点点，比小溪多一点点就成了大河，比大河多一点点就成了大江，比大江多一点点就成了大海。一个人的失败就因为他比别人仅仅少了一点点，而一个人的成功也因为他比别人仅仅多了一点点。

比别人多一点点，那么别人是小溪，你就可以成为大海。

的确，命运非常公平，谁付出的努力多，谁就能成功，哪怕只是多那么一点点。

事实上，比别人多一点点并不难，关键在于你在以什么人为参照物，比懒汉多一点点，那是五十步笑百步，你还是懒汉；比勤奋者多一点点，那是一种超越，你就可能优秀；比成功者多一点，那则是一种飞跃，你就可能更成功。

多一点点就成功。那么多哪一点呢？这是极为关键的问题。多一点点不是毫无方向的、盲目的、随便的"多"，也不是功利意义上争强好胜、你死我活的"多"，在正确的方向上多了一点点，那么错误的方向上自然就少了一点点。相反，如果在错误上比别人多了一点点，那后果将不堪设想。所以说，多一点点的前提是在正确的地方多那么一点点。另外，多一点点的参照物虽然是别人，但主体和意义都在于自身——靠自己的努力，实现自我的价值。

以此为出发点，本书从六个方面来具体阐述如何做到“多一点点就成功”：

一、做人的道理懂一点

二、交际的误区离远点

三、生活的智慧明白点

四、职场的法则掌握点

五、财富的运用谨慎点

六、说话的艺术多学点

本书视角独特，叙述清新别致，材料丰富、有趣、有益。编者为了加强本书的说服性和实用性，力图贴近现实，笔锋所及，涵盖了各种时尚词汇，包括文学、戏剧、电影、音乐、名牌、广告、职场、理财等，相信一定能让读者朋友在快乐阅读的同时，领悟“多一点点”的成功思维，为自己的成功之路添加一套强大的“装备”。

当然，由于本书所涉及的是一种新的成功学思维，再加上编者水平所限，故不足或疏误之处在所难免，希望广大读者朋友不吝指正和赐教。

编 者

2007年10月，北京西郊

目录

Contents

多一点点就成功

第一章　做人的道理懂一点

做事先做人，一个人能否取得成功，很关键的一点就在于是否懂得做人的道理。别人成功了，而你失败了，原因很多时候就在于别人比你多懂点做人的道理。

做人的道理成千上万，要都懂得，既不现实，也没必要。我们只须掌握这其中的关键，比别人多懂这一点点，那么，成功就会简单许多。本章所要告诉给你的正是做人的关键道理。

第二章 交际的误区离远点

现代社会，人际关系决定成败。人际关系搞得好，就能减少奋斗N多年。反之，一旦步入交际误区，就很可能为自己的成功之路平添许多人为的障碍。

关于如何交际的学问，我们已经知道了很多，但关于交际的误区，我们却认识得很少。事实上，后者对成功的影响之大绝不输于前者。离交际的误区远一点，到成功的终点就会近一点。本章所要告诉你的正是远离交际误区的实用学问。

多一点点就成功

多一点点就成功

第三章 生活的智慧明白点

一点智慧哲理提供一种新的生活意境。空乏的大道理讲得再好，也远不如明白点实用的生活智慧。

生活智慧对于我们追求成功有一种无形的帮助，能让你在繁忙劳累的奔波中，得到最充足的精神修养，并重新聚集追求成功的能量。本章所要告诉你的正是生活中的细节智慧。

第四章　职场的法则掌握点

在丛林般的职场中求生和发展，一步走错，就可能万劫不复；一步走对，也可能脱颖而出。对还是错，关键就在于你是否掌握职场的生存法则。

开动一点脑筋，端正一点态度，投入一点热情，运用一点智慧，为成功添砖加瓦，即使荆棘丛生，你也一定能走出一条康庄大道。本章所要告诉你的正是掌握职场法则的要点。

多一点点就成功

多一点点就成功

第五章　财富的运用谨慎点

毋庸否认，财富是成功的重要组成部分。但是，财富也是一把双刃剑。用得好，财富会像滚雪球般小财变大财，生活质量会相应地不断提高，成功也会在不远处向你招手；用不好，即使再多财富也会转瞬成空，生活会被拉入“黑暗”的深渊，成功会从你的身边擦身而过。

因此，运用财富时一定要谨慎一点。如何做到这一点呢？本章所要告诉你的正是财富运用的谨慎之法。

第六章 说话的艺术多学点

说话的艺术是一门博大精深的艺术，也是追求成功必备的条件之一。

生活中，有些人不会说话，空有一身不凡的能力，却失去了许多成功的机会，还给自己平添了许多头痛不已的麻烦，这样的例子数不胜数。如何避免说错话，如何才能说好话，本章所要告诉你的正是学习说话艺术的有效途径。

多一点点就成功

第一章　做人的道理懂一点

做事先做人，一个人能否取得成功，很关键的一点就在于是否懂得做人的道理。别人成功了，而你失败了，原因很多时候就在于别人比你多懂点做人的道理。

做人的道理成千上万，要都懂得，既不现实，也没必要。我们只须掌握这其中的关键，比别人多懂这一点点，那么，成功就会简单许多。本章所要告诉给你的正是做人的关键道理。

抬头先须低头

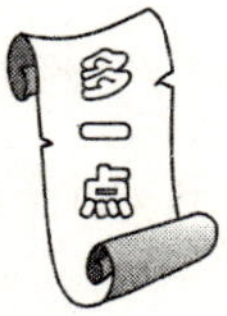

在残酷的现实面前，我们有时只要肯低一下头，也许就这一下，困境与不幸就可能从我们身上“滑”过去，即便不会“滑”过，也会让我们积蓄力量，再度踏上征程。

俗话说:“人在屋檐下，不得不低头”。这句话包含着深刻的人生智慧，向我们传达了一种“抬头先须低头”的人生观。

人生在世，生活不可能一帆风顺，总是坎坷不平的，时而登上顶峰，时而跌入低谷，也许有时还要穿过幽深的“隧道”。我们总会遇到困难，这些困难像一个个包袱压在肩上，压得我们透不过气来，使我们不得不低头。虽然也有人大声呐喊“站直了，别趴下”、“要顶天立地”、“要绝不低头”。但现实是无论是谁，也无论是在人生的哪个阶段，都可能遭遇许多不得不低头，不得不容忍的事情，如果你不愿低头，不肯容忍，那么你就可能吃亏。

先来看这样一个故事：

美国著名的政治家和科学家、《独立宣言》起草人之一的富兰克林，因为其突出的贡献和成就，被尊称为“美国人之父”。

富兰克林年轻的时候，曾去一位老前辈家拜访，那时他年轻气盛，挺胸抬头迈着大步，当他准备从小门进入时，因为门框过于低矮，他的头狠狠地撞在门框上，痛得他一边不住用手揉搓，一边看着比他矮一大截的门生闷气。出来迎接的前辈看到他这副样子，微笑着说：“很疼吧？可是，这将是你今天拜访我的最大收获。一个人要想平安无事地活在这个世上，就必须时刻记住：抬头先须低头，该低头时绝不能逞强。这也是我要教你的事情。”

富兰克林把这次拜访得到的教导看成是一生最大的收获，并把前辈的叮咛列为生活准则之一。富兰克林从这一教训中终生受益，后来，他功勋卓越，成为一代伟人。在一次谈话中他说道：“这一启发帮了我的大忙。”

虽然我们都是普通人，与富兰克林也许不能相提并论，但这一启发对我们同样有用。

低头固然是大多数人不愿去做的一种姿态，但社会的现实却需要我们不时地以这种姿态去面对生活。

很多时候，我们大部分人所面对的现实是：只能你去适应社会的大环境与身边的小环境，你纵然有再大的抱负和才华，如果没有获得与之相适应的表现舞台，也只能低头做人，隐忍处世，等待时机成熟时，再抬起头来，一展自己的才华和抱负，这是生存的首要准则。

社会上处处充满竞争，官场有竞争，职场有竞争，商场有竞争，情场有竞争。任何竞争都需要勇气，也更需要策略，而其中最大的策略就是在残酷无情的竞争中要学会低头，懂得迂回前进的方法。

一时的低头并不是无原则地隐忍和退缩，也不是消极地逃避，而是一种暂时收敛锋芒的策略。

首先，这是一种刚柔并济的策略。低头做人不代表心志也低人一等，低头只是姿态上的一种低调——外圆也可内方，这是一种做人处世的圆转，是柔；在心态上，我们则一定要高标准严格要求自己，设立远大的目标，再一步步努力做起，奔向成功，这是对自己人生价值的负责，是刚。刚柔并济，人生自然顺风顺水。

卧薪尝胆的故事大家都知道，越王勾践战败后，选择投降吴国。为吴王做马夫，在吴王生病的时候，甚至亲尝其粪便以查明病源。说的难听一点，这是把头低到裤裆下去了，但在勾践的内心深处，却一直深藏着复国雪恨的雄图大志，为了不使自己的志气消磨，他近乎苛刻地要求自己——卧薪尝胆，最终，他实现了自己的理想。这个古老的励志故事其实就是这种刚柔并济的策略的完美体现。

其次，低头是对外在傲气的收敛，这样你才能与周围的人和谐相处，得到更多的认可与帮助。相反，你总是抬起头，一副狂傲不已，谁也不放在眼里的样子，试问，有几个人愿意主动地接近你。当然，这里的抬头并不单纯是说趾高气扬的样子，口头上自说自夸，动作上的颐指气使，甚至眼神上的不屑一顾都在此范围之内。

亚历山大大帝征服了全希腊，十分得意之时，听到别人对当时著名哲学家狄奥哲尼士的赞赏后，十分想见见这位学者，于是屡次派人邀请他。无奈狄奥哲尼士孤傲成性，毫不理会，于是亚历山大不得不亲自前往见他。据传那时候狄奥哲尼士正在木桶中晒太阳。

亚历山大说：“我就是亚历山大，请问你有什么要求，我一定为你办到。”

哲学家回答:“我惟一的要求是，请你走开一点，不要遮住我的阳光。”

亚历山大平时肯定没碰到过这样的冷遇，因为他确实有狂傲的资本，也确实是高高在上，无须低头，无须收敛。即使这样，也有人会主动去拍他的马屁，去歌功颂德。但这都是表面的，如果他一直保持这种姿态，赢得的只会是虚假和敷衍，没有人会愿意发自内心的去亲近他。事实上，越是有能力有成就的人，越是应该懂得收敛，不要一味的以狂傲示人。至于常人，更应该懂得这个道理。

道理说穿了，低头与抬头其实并不矛盾，暂时的低头处世是为了以后能长久地抬头做人。在残酷的现实面前，我们有时只要肯多低一下头，也许就多这一下，困境与不幸就可能从我们身上“滑”过去，即便不会“滑”过，也会让我们积蓄力量，再度踏上征程。水，乃世间至柔之物，却刀砍不断，锤击不烂；它遇碍则分，过碍既合，分分合合常流不息；它无固定的形状，但比有形的钢铁坚韧许多——从水身上体现了以柔克刚的道理。其实，这与“抬头先须低头”是一个道理，屈伸自如远比宁折不弯要吃得开。生活有时只留给我们一扇小门，这时候就得低头钻过去。

低头是一种智慧，低头是一种胸怀，低头是一种希望，低头是一种忍耐，低头是一种谋略。为了永久的抬头，有时必须低下自己高贵的头，忍一时之屈，只有这样才能把酒临风，笑对人生。

“抬头先须低头”，把这句话铭记于心中，时时惦念并能用于实践，你的人生必将充满辉煌。

人生就像一场旅行

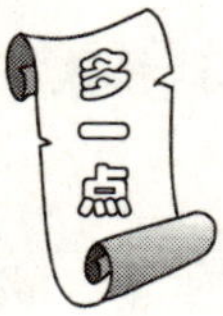

人生所谓的快乐、幸福或者成功，只是内心的一种真实感觉而已，它们很少体现为功利意义的结果。如果你将它们盲目地寄托在对结果的追求上，那么它很可能就是昙花一现，稍纵即逝。过程比结果更重要，不仅仅在于过程是永久的，更重要的是结果是过程水到渠成的一个点。

“人生就像一场旅行，不必在乎目的地，在乎的是沿途的风景以及看风景的心情！”虽然这只是一句广告词，可是它的确能触动我们的心灵，给我们的人生带来某种深刻的感悟!

“当你年轻时，以为什么都有答案；可是老了的时候，你可能又觉得其实人生并没有所谓的答案。”这是著名导演王家卫1996年的电影《堕落天使》中的一句台词。王家卫的电影对白总是那么的有味道，而上述的这句台词更是隽永之词。很多人其实都不知道自己是在生活或者说自己生活的目的是什么，可是，年少轻狂的时候，总以为自己高明，无所不知，想象着自己已经洞悉了人生的一切秘密，似乎，已经不需要他人的指导了。或许，只有在年老之后，慢慢体味自己的一生的时候，才能够明白，并不是什么事情都会有一个所谓的答案。

所以不一定要去追求什么终极意义。人生的真谛，只能在不断奋斗的过程中才能慢慢体会。

2005年10月13日，已年过七旬的哈罗德·品特获得了当年度诺贝尔文学奖。瑞典皇家科学院在颁奖公告中说，授予哈罗德·品特诺贝尔文学奖的理由是："他的戏剧发现了在日常废话掩盖下的惊心动魄之处并强行打开了压抑者关闭的房间。"

品特可以说是继莎士比亚、萧伯纳之后英国最重要、成就也最大的剧作家。品特是一个犹太裁缝的儿子，二战后曾就读于伦敦某地区的一所小学，在那里他接触到了戏剧表演，并在学校舞台上扮演了麦克白和罗密欧等角色，展示出了一定的戏剧天分，并对戏剧产生了强烈的兴趣。基于此，品特下定决心走上戏剧创作之路。

近代英国，说起戏剧，萧伯纳无疑是最具代表性的人物，即使在世界剧坛，他也有一席之地。品特非常崇拜这位前辈，他经常幻想自己会成为萧伯纳那样伟大的剧作家，一有空闲就研究萧伯纳的作品，并不断尝试着去写剧本。结果由于急功近利，弄得自己差点走火入魔，却并没有取得多大的进步。这时，连品特的母亲都觉得这可怜的孩子写的东西实在太蹩脚了，完全没有戏剧创作的天赋，母亲为了让自己的孩子脱离"苦海"，下了一剂猛药，她对品特说："你啊，根本就不可能端起写作这碗饭，还是放弃吧！"母亲的话极大地伤害了品特的自尊心。这时候，如果不是他的父亲，品特真的很可能就此自暴自弃，泯然于众人矣！

哈罗德·品特的父亲虽然只是伦敦城的一个小裁缝，却很尊重孩子的兴趣和爱好。对于儿子所写的东西，在他看来，尽管也是前言不搭后语，蹩脚极了，但他却没有像品特的母亲那样，选择打击。而是循循善诱地劝导品特，他问道："孩子，你为什么这么喜欢戏剧?"

品特说："我想赢得欢呼，想成名，想成为像萧伯纳那样伟大的剧作家。"

父亲又问道："那么，做这些事情，你感到快乐吗?"

品特说："快乐啊。而且我还很享受阅读和创作的过程。"

这时，父亲微笑着说道："是啊，你现在非常快乐，并且享受着做这件事情的过程，这说明你已经找到了人生的意义和价值，那你又何必非要为虚名而强迫自己呢？在我看来快乐就是享受追求成功的整个过程。我是一个普普通通的裁缝，但是每当我给别人做衣服时，我就非常快乐。"

父亲的一番话，使小品特如醍醐灌顶般恍然大悟，他终于想通了，干自己喜欢的事，并享受这其中的过程。那么，尽管很有可能不被人理解，甚至被人讽刺，被现实打击，但是只要内心充实，享受追求成功的过程就是幸福，就是人生的真谛所在。

世界上并不是任何事情都有所谓的答案，成功也一样，不必在乎结果，在乎的是追求成功时的过程，这样的人生才是最幸福的人生。这是一条充满阳光的人生哲学。

从那以后，哈罗德·品特心里那种急功近利的想法逐渐淡了下来。在接下来的漫长岁月里，他阅读着、创作着，并快乐的享受着。最终在人生得到充实和幸福的同时，也赢得了曾经梦想的欢呼和荣誉。

"人生就像一场旅行，不必在乎目的地，在乎的是沿途的风景以及看风景的心情！"哈罗德•品特的一生对这句充满哲理的广告词做了最好的解读。

人生是一个漫长的旅行过程，如果总想着遥远的结果与终点的鲜花，那么必然会不够专注于眼前的风景，而我们生活的中心恰恰是眼前的事物和手上的工作。多一点对现在所做的事情的专注和投入，多享受一点过程中的乐趣，而少一点对未来不切实际的幻想，人生自然就会美好许多，生命的意义也就会在这多与少之间突显出来。

著名出版人洪晃女士在新作《无目的生活》中说道："我倒是挺想号召大家没有目的地深深地投入一回。要知道，生活的乐趣都在过程里面，而目的只是在长长的过程之后一秒钟的高潮。"的确，人生所谓的快乐、幸福或者成功，只是内心的一种真实感觉而已，它们很少体现为功利意义的结果。如果你将它们盲目地寄托在对结果的追求上，那么它很可能就是昙花一现，稍纵即逝。过程比结果更重要，不仅仅在于过程是永久的，更重要的是结果是过程水到渠成的一个点。

多享受一点生命旅程中的风景和心情，并非是一件多么遥不可及的事情，它完全是你的内心对生命的一种感觉，而这种感觉拥有与否，又完全在于你自己。怀着感激而喜悦的心情去品味生命的每一处风景，那么，你生活中的每一天都将面朝大海，春暖花开!

手掌中的秘密

多一点

生命是非常短暂的，即使我们是普通人，要过普通的日子，也不应该依照命运的安排，按部就班地生活，在机械单调、数十年如一日的程序轨道中，消磨自己的激情和活力，让自己的人生只剩下疲倦与懈怠。

台湾作家温润安的武侠小说中，经常会出现这样一句话：我命由我不由天。看着给人一种震荡不已的感觉。的确，这话是有点狂傲，有点不知天高地厚，但在现在这个社会，要想出人头地，你还就得多一点这样的想法，事在人为，相信命运不如相信自己。

命运是什么？是不是存在？能不能改变？都是很难说清楚的事情。但在现实中，很多人就是相信“命中注定”，相信命运是改变不了的，他们把成败归咎于命运的安排或是神明的决定，这实在是一种极其消极的态度，是人生最大的错误。其实，成败得失并不是由命运或者神明决定的，它只取决于你是否具有积极的心态，是否付出了努力。退一步讲，即使有命运，它也掌握在你的手中。

来看这样一则寓意深刻的故事：

一位禅师经常和人谈“命运”，一个忠实的听众一直坚信着“命运”的说法，所以他每天都在盼望生活会发生奇迹。他想：既然有命运，那么一切都由命运来安排吧。然而年复一年，他的生活一直是平庸的，没有辉煌和光明，只有灰暗和贫困。他想：难道是自己命运注定如此吗？

带着疑问他去拜访禅师，问：“您说真的有命运吗？”

“有的。”禅师回答。

“但我的命运在哪里？是不是我的命运就是黯淡和贫穷呢？”他问。

禅师微微一笑，让他伸出左手，指着他的手掌说道：“你看清楚了吗？这条横线叫做爱情线，这条斜线叫做事业线，另外一条竖线就是生命线，其余数不清的细线就是人生中的其他内容。”

然后禅师又让他跟自己做一个动作，他把手慢慢地握起来直到握得紧紧的。

这时禅师问：“你说这几根线在哪里？”

那人迷惑说：“在我的手里啊！”

“命运呢？”禅师问。

那人终于恍然大悟。原来命运是在自己的手里，而不是在别人的嘴里。

那人彻悟之后，就决心用自己的行动去改变自己的命运。在他努力奋斗的过程中，他遇到了很多的挫折和困难。每当这个时候，他就会想起禅师的话，命运在自己的手里，而不是在别人的嘴里。于是他就会暗暗地把手握起来，每当把手握起来的时候，他就发现自己好像找到了动力和信心。

这个故事没有什么惊心动魄之处，但却给了我们一个伟大的启示：一个人的命运就操纵在他自己的手中。

“冥冥中自有一股神奇的力量，在操纵着我们的人生。一切都是命运的安排。”这是宿命论者的口头禅。大多数不幸的人都将自己的不幸归于命运的捉弄，却不知幸与不幸都在自己的掌握之中。每个人都有幸福、快乐、成功的机会和能力，然而有些人却缺乏争取这些东西的勇气和信心，因为他们心中存在着消极的信念，认为自己的命运不可改变，这种信念为潜意识所接受，逐渐变成习惯，近而就会转变为事实。

一个屡遭挫折的中年人去找算命先生为他算卦。算命先生说这个人20多岁时诸事不顺，30多岁时虽多方努力仍一事无成。那人焦急地问：40岁呢？算命先生说：你已经认命了。

这个故事让人心生寒意。

以往，坚定的宿命论者多是中年人。青年人多是不吃这一套的。他们相信勇气，相信未来，相信行动就能够改变命运，相信没有自己办不成的事，他们是坚定的无神论者，他们用最刻薄的话语去嘲笑那些算命的术士。如果有人给他们谈论命运的不可捉摸，不可抗拒，他们会一笑置之。但在竞争日益惨烈的今天，许多青年人也趋向于相信命运的安排，在经过现实一系列的打磨之后，往往开始被迫甚至主动地接受现实，麻木不仁地走向终点。

你，是这样的人吗？

如何改变这种状况？答案就是信己而不信命。那么，如何才能做到这一点呢？

先想一想你想要的东西是什么。然后强化你对所想要的东西的欲望，使之进入你的潜意识，并对它保持不断的自信和热情，再将其转化为行动。另外，不要让任何东西，尤其是命运打倒你的这种欲望。那么，逐渐的，你就会得到你所想要的。当然，这种方法不能用到走邪路上去，否则，害人害己。

相信自己而战胜命运的例子很多，贝多芬、海伦•凯勒、张海迪都是标准的范本，无需我们再多说。问题在于事情往往说起来容易，做起来难，在命运的捉弄下，很少有人能坚持自己的信念，原因何在？

态度！关键在于你对命运的态度！那么，什么才是对命运尤其是不幸命运的正确态度呢？就是将命运的戏弄当作磨炼自己的好机会，所谓“艰难困苦，玉汝于成”是也。孟子曰：“天将降大任于斯人也，必先苦其心志，劳其筋骨，饿其体肤，空乏其身，行拂乱其所为，所以动心忍性，增益其所不能。”历史上一切遭遇不幸命运而终有成就的人，无不经过这样的艰苦磨炼。

当然，现实中，我们绝大多数人都在过着一种最普通不过的日子，没有什么巨大的幸与不幸。那么，作为普通人，我们是否就应该接受命运这种“公平”的安排呢？

不！决不！人活一世，草木一秋。生命是非常短暂的，即使我们是普通人，要过普通的日子，也不应该依照命运的安排，按部就班的生活，在机械单调、数十年如一日的程序轨道中，消磨自己的激情和活力，让自己的人生只剩下疲倦与懈怠。因为这是一种很可怕的状态，它意味着你已经习惯了自甘平庸和落魄。但却也是一种很容易改变的状态。这样的命运安排，我们很容易靠自己来改变，只要尽可能多一点的改变一下自己的态度，再加上一些小小的技巧，保持心灵的年轻与弹性，你的人生就会精彩许多。

上班的地点没变，你可以换换上下班的方式与路线，观察一下周围忙碌的又好玩又可笑的人群；工作内容没变，但可以换一种方式看看是否能提高工作效率和工作兴趣；安排一些力所能及的旅游项目，自己设计一些行动路线和方式；动手与孩子做些手工，同孩子一起玩游戏；培养一些适合自己的业余爱好，坚持下去你就会发现其乐无穷；搞些可能的投资活动，买点基金或股票，说不定就能给自己带来一份惊喜……

命运就在你的手掌之中。即使做普通人，过普通日子，也不能任由命运安排自己的人生。多相信自己一点，多坚持一点，与天斗，与地斗，与命运斗，其乐无穷！

面对诱惑，你如何选择？

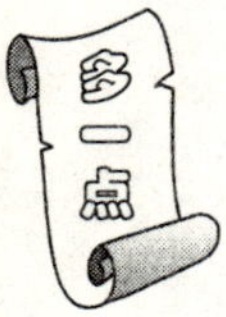

天下没有免费的午餐，有得必有失。我们要清楚的是：我们在得到这些的同时，即将失去的是什么？我们得到的是否与我们追求的一致？我们失去的与得到的相比，是否得不偿失？多一点这样的明白与清醒，会让我们少犯许多愚蠢的错误。

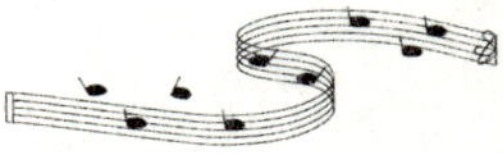

对于一个成熟稳重的人来说，决心和毅力是必不可少的，尤其是面对诱惑时的选择。

有个人特别羡慕别人骑马，他非常渴望有匹自己的马。他觉得骑马真潇洒，用脚走路真是太麻烦太没意思了。别人告诉他，要想得到马，必须用你的双腿来交换。这个人听了，立即毫不犹豫地献出了自己的双腿。于是，他得到了一匹马。这个骑上马的人真是太高兴了，马的奔驰带给他一种飞翔的梦一般的感觉。但是，他渐渐地发现，人不能总骑在马背上。当他下马时，才发现自己已不能行走。

在一个三代同堂的富贵人家，有一天，全家都非常疼爱的小孙子的手居然卡在了花瓶里。家人试过了各种方法，就是无法把小孙子的手取出来。最后，为了不伤孙子的手，爷爷只好忍痛割爱，敲碎了那只昂贵的花瓶。此时家人才发现，原来小孙子的手里紧紧地握着一块糖，就是这块糖，使爷爷赔上了那只价值不菲的花瓶。

生活中，与抓住机遇同样重要的是远离诱惑。诱惑会蒙蔽我们的眼睛，阻止我们前进的步伐。没有人愿意为了骑马而献出自己的双腿，也不会有人愿意为了得到一块糖而失去一只昂贵的花瓶，可当诱惑突然而至的时候，总是有人经不住考验，所以悲剧总在一幕幕地上演。

就拿身处职场的人来说吧，有些人就是因为拒绝不了诱惑而失去宝贵的机遇。来看这样一个故事：

一家大公司高薪招聘老总的司机，应征者络绎不绝。最后，董事会经过商议，敲定了三位外型英俊、谈吐不凡、具有丰富驾驶经验的应征者作为人选。

最后一天，三个应征者同时来到这家公司，董事会只给这三人出了一个问题：“如果在悬崖边上有一块金子，你如何做到把金子拿到而又恰好不掉入悬崖？”

“我会在离悬崖3米的地方把车子停下来，然后去把金子捡回来。”第一位应征者如是回答。

“我会在离悬崖只有半米的地方巧妙地把车停下来，然后拿着金子就走。”驾龄最久的第二位应征者坚定而自信地回答。

第三位应征者略加思索，便略带羞涩地笑着说：“金子啊，我还是不要了，我要尽力地离开悬崖，离得越远越好。”

这家公司最后录取的是第三位应征者。

故事情节很简单，结果出乎意料之外又在意料之中，一个看到金灿灿的金子却无动于衷甚至后退的人却在应聘中笑到最后。他傻吗？他一点也不傻，面对金子或者是面对诱惑，他首先考虑的是自己的生命，因为他知道，离悬崖越近，他的生命受到的威胁就越大，用生命做赌注去拿相比而言显得微不足道的金子是不值得的。所以他选择了远离悬崖，选择了放弃，纵使那闪亮的东西充满着诱惑，散发着光芒，他毅然选择尽力地离开悬崖，愈远愈好。

第三个应聘者不失为一名智者。相对而言，前两者大抵上可以称之为“亡命徒”了，听到悬崖边有金子，就一心想着往前冲，根本没有考虑到可能产生的严重后果，实是莽汉也！

在诱惑面前，我们有时候要学会放弃，放弃是一种大智慧，放弃了，你也许会赢得更多。当然我们也并不是坚决反对冒险，而是说冒险一定要有尺度，多一点谨慎，如果赌注是自己的生命或者别的对自己来说极其宝贵的东西，那就一定不能轻易去冒这个险。

事实上，生活中并不是每个人都能做到面对诱惑而勇敢放弃。诱惑毕竟是个美好的东西，存在着吸引人的地方，正因为诱惑存在着独特的“魅力”，很多人为了它不惜丢掉生命铤而走险。现实中像这样的事例数不胜数。“明知山有虎，偏向虎山行”，有些人清楚地知道在迈向诱惑的路上有荆棘、有陷阱、有地雷阵，有更危险的东西在等着他，然而，在诱惑的“指引”下，这些人还是

不顾一切，慷慨而进。有些人为了金钱、为了权力，甚至连尊严都不要，明知贪污受贿一定身败名裂，可就有人敢做。

我们不禁要问，为什么诱惑具有这么大的能量，使这么多人为了它而痴狂呢？说到底是诱惑背后存在的巨大的利益，是利益驱动着它的追随者忘乎所以，甚至疯狂；面对诱惑，这些人束手就擒，甘愿做诱惑的俘虏，是因为他们没有坚韧的意志，没有“拒腐防变”的能力，没有守住自己的原则。

曾经看到过这样一个历史故事：

公仪休很喜欢吃鱼，当了鲁国的相国后，全国各地很多人送鱼给他，他都一一婉言谢绝了。

他的学生劝他说：“先生，你这么喜欢吃鱼，别人把鱼送上门来，为何又不要了呢？”

他回答说：“正因为我爱吃鱼，才不能随便收下别人所送的鱼。如果我经常收受别人送的鱼，就会背上徇私受贿之罪，说不定哪一天会免去我相国的职务，到那时，我这个喜欢吃鱼的人就不能常常有鱼吃了。现在我廉洁奉公，不接受别人的贿赂，鲁君就不会随随便便地免掉我相国的职务，只要不免掉我的职务，就能常常有鱼吃了。”

要想长久地吃到鱼，就必须舍弃这些来路不正的鱼，这就是眼前利益与长远利益的辩证关系。把鱼换作钱呢？

我们的内心一定要明白一点：天下没有免费的午餐，有得必有失。我们要清楚的是：我们在得到这些的同时，即将失去的是什么？我们得到的是否与我们追求的一致？我们失去的与得到的相比，是否得不偿失？多一点这样的明白与清醒，会让我们少犯许多愚蠢的错误。

“船”动，“风”动，要保持自己的心不动才是根本。面对外界形形色色的诱惑，要耐住寂寞，增强抗力。一方面要多加强一点自己的鉴别能力，有些诱惑是不能“碰”的，因为它是烫手的“山芋”，要抢到它是要付出巨大的代价的，有时候，即使你付出了巨大的代价也不一定抢得到。另一方面拒绝诱惑，要多讲一点原则性，要守得住自己的一方净土，惟有如此，你才能抵住诱惑的进攻。诱惑与灾难是一对孪生兄弟，得失是共存的，拒绝它需要你有敏锐的嗅觉。面对诱惑，你应该多一点清醒与谨慎，先意识到它扑面而来的危险，揣摩一下可能的得失，再加以分析，最后做出正确的选择。

拒绝诱惑不能只停留着在口头，面对前行的路上可能出现的诸多诱惑，面对巨大的诱惑力和“好处”，你是昂首大步迈向它，是一步一回头地看它，还是义无反顾地撤退呢？扪心自问，如果遇到此类问题的您会如何选择呢？

没有人会替你管理你的生命

多一点

生命中充满了数不清的随意性，更要命的是：除了你自己，没有人会替你管理你的生命。在学校时有老师管着，让你按时交作业；上班有领导管着，会检查你的考勤与工作进展。但自己的日常生活与重大安排呢？

作家王国华讲过这样一个故事：

在美国一所大学的日文班里，突然出现了一个五十多岁的老太太。开始时大家并没感到奇怪。在这个国度里，人人都可以挑自己开心的事做。可过了不长时间，年轻人们发现这个老太太并非是退休之后为填补空虚才来这里的。每天清晨她总是最早来到教室，温习功课，认真地跟着老师阅读。老师提问时她也会出一脑袋汗。她的笔记记得工工整整。不久年轻人们就纷纷借她的笔记来做参考。每次考试前老太太更是紧张兮兮地复习、补缺。

有一天，老教授对年轻人们说："做父母的一定要自律才能教育好孩子，你们可以问问这位令人尊敬的女士，她一定有一群有教养的孩子。”

一打听，果然，这位老太太叫朱木兰，她的女儿是美国第一位华裔女部长——赵小兰。

人在做，天在看；大人在做，小孩在看。一个自我要求严格的人不但自己有所成就，赢得别人的尊重，还会把家庭管理的井井有条，把这些优秀品质复制到子女的身上，让他们的子女也走上成功之路。

有了严格的计划，我们就有了约束自己的纪律，我们的工作就有了新的效率！

军队要有纪律，单位要有纪律，这仿佛是天经地义的事，没有规矩，不成方圆嘛。要不，不全乱套了？

可是，你想过没有，你平时的生活要是没有纪律会怎样？

早晨闹钟响了，该起来跑步，可今天实在不想起，再睡会儿吧；晚上下班回来吃完饭，本想看会儿书学点新东西，或复习复习英语，可无意间看了一眼电视，竟被剧情吸引了，结果这个连续剧有40集，你的学习计划早被女主角的眼泪给冲跑了；逛商场时本想着只是“看看不买”，没想到厂家又在搞促销，这身衣服居然打6折，买吧，这个月的储蓄计划又告吹了，其实那身衣服穿了两天就挂在柜里了，可买可不买的东西嘛；礼拜天原本想着带孩子去科技馆，可朋友打电话来说“三缺一”，救场如救火，再说好久没玩牌了，手真痒，去吧……

生活中充满了数不清的随意性，更要命的是：没有人会替你自己去管理你的生命。小的时候有父母为你操心；在学校时有老师管着，让你按时交作业；上班有领导管着，会检查你的考勤与工作进展。自己的日常生活与生命的重大安排呢？从决策到执行到监督落实，全靠你自己。谁能对自己的生命旅程负责呢？只有我们自己！

给自己定出计划以及纪律，严格要求自己，看似委屈了自己，强迫自己放弃很多生活的乐趣，不能够随意、潇洒地生活。但是你要明白：眼前多一点这种严格自律，正是改变不理想现状、过自己想要的生活的开始！我们必须要树立一个管理自己人生的概念，没有严格的管理，再好的计划和目标，都只是一纸空文。我们的生命中，没有领导和管理者，没有人能代你决策实施，一切只有靠自己！管理好自己的今天，是为了更好的明天。

说了这么多，那么具体我们该如何管理自己的生命呢？管理生命其实就是控制时间的艺术，如何管理时间？以下给大家几个非常具体的建议：

第一，每一分钟其实都可以做许多事情，多减少一点时间的浪费。

著名教育家本杰明曾经接到一个青年人的求教电话，并与那个向往成功、渴望指点的青年人约好了见面的时间和地点。

待那青年人如约而至，只见本杰明的房门敞开着，眼前的景象却令青年人颇感意外——本杰明的房间里乱七八糟、狼藉一片。

没等青年人开口，本杰明就招呼道："你看我这房间太乱，请你在门外等候一分钟，我收拾一下，你再进来吧。"边说着边关上房门。

不到一分钟的时间，本杰明就打开房门，热情地把青年人让进客厅。青年人的眼前展现出另一番景象——房间里变得井然有序，桌上还有两杯刚刚倒好的红酒。

没等青年人开口，本杰明就客气地说："干杯。你可以走了。"

青年人手持酒杯一下子愣住了，尴尬地说："可是，我……我还没向您请教呢……"

"这些……难道还不够吗？"本杰明微笑着扫视一下自己的房间，轻言细语地说，"你进来又有一分钟了。"

"一分钟……一分钟……"青年人若有所思地说，"我懂了，您让我明白了一分钟的时间可以做许多事情，可以改变许多事情。"

一个精明的人总是首先表现在控制时间上的精明，他能迅速判断事情的价值，分配好自己的时间。同时，他们也绝对不会浪费别人的时间。

第二，给每一件事情都确定出时间的下限。

许多人做事情时不给自己确定时间的下限，那么这件事他就会无限期地做下去，永不会完成。

美国商业精英鲍伯·费佛在他的每个工作日里，一开始的第一件事情，就是将当天要做的事情分成三类：第一类是所有能够带来新生意、增加营业额的工作；第二类是为了维持现有的状况或使现有状态能够继续存在下去的一切工作；第三类则包括所有必须去做、但对企业和利润没有任何价值的工作。在完成所有第一类工作之前，鲍伯·费佛绝不会开始第二类工作，而且在全部完成第二类工作之前，绝对不会着手进行第三类工作。"我一定要在中午之前将第一类工作完全结束"，鲍伯给自己规定，因为上午是他认为自己最清醒、最有建设性思考的时间。

"你必须坚持养成一种习惯：任何一件事情都必须在规定好的几分钟、一天或者一个星期内完成，每一件事情都必须有一个期限。如果坚持这么做，你就会努力赶上期限，而不是永无休止地拖延下去。”

我们必须清醒地认识到人类身上可能存在的惰性，必须时刻去提醒自己克服这种惰性，我们必须铭记：每件事情都必须有一个期限，否则，我们在大多数情况下都会有多少时间就花多少时间，甚至即使给我们很长的时间都不够用。

第三，千万不要说“等我有了时间……”之类的话，这永远是漂亮的借口，记住，我们也许不可能为某些事腾出专门的大块时间，但你可以把事情化整为零，把时间化零为整，这个办法会让你受益终生。

有很多事情必须要做，可大家总在说:“等我有了时间就去，一定……”结果呢，几年过去了，那件事还没来得及做。

多一点自我控制的能力，就会少一点对时间的浪费，少一点无用的借口。这一点看起来价值不大，但当你做到时，你就会明白，生命的自我控制权就是在这个过程中慢慢形成的。

不为还是不敢为

很多时候，我们之所以不为，并不是没有法子为，而是少了那么一点点的勇气，不敢为。社会总是充满着变化，也总是在向前发展。作为社会中的个体，面对这些变化，没有敢为的心态显然是不行的。没有这种心态，我们就会害怕变化，害怕未来的不测，就会陷入坐以待毙的窘境，就会使我们的生活、我们的事业越来越糟糕。

无为，而无所不为。这话听着蛮唬人，里面也确实存在一定的哲理，但却不是一般人能达到的境界。对于我们常人来说，谁不愿意轰轰烈烈地做出一番事业，谁又愿意在回首人生的时候，看到一个碌碌无为的自己。可现实却是，许多人在生活的压力面前，选择了消极无为的态度。原因在何处？是真的无法可为？还是缺乏勇气和行动，不敢为之？

来看看成功学大师拿破仑•希尔是如何解决这个问题的：

曾有一位40出头的经理人苦恼地来见拿破仑·希尔。他负责一个大规模的零售部门。

他很苦恼地解释说:“我恐怕会失去工作了，我有预感我离开这家公司的日子不远了。”

“为什么呢?”

“因为统计资料对我不利。我这个部门的销售业绩比去年降低了7%，这实在糟糕，特别是全公司的销售额增加了65%。最近，商品部经理把我叫去，责备我跟不上公司的进度。”

“我从未有过这样的感觉。”他继续说，“我已经丧失掌握的能力，我的助理也感觉出来了。其他的主管也觉察到我正在走下坡路。好像一个快淹死的人，旁边站着一群旁观者等着我没顶。”

“我猜我是无能为力了，我很害怕，但是我仍希望会有转机。”

拿破仑·希尔反问他:“只是希望能够吧?”

接着希尔停了一下，没等他回答又接着问:“为什么不采取行动来支持你的希望呢?”

“请继续说下去。”他说。

“有两种行动似乎可行。第一，今天下午就想办法将那些销售数字提高。这是必须采取的措施。你的营业额下降一定有原因，把原因找出来。你可能需要一次廉价大清仓，好买进一些新颖的货物，或者重新布置柜台的陈列；你的销售员可能也需要更多的热忱。我并不能准确指出提高营业额的方法，但是总会有方法的。最好能私下与你的商品经理商谈。也许他正打算把你开除，但假如你告诉他你的构想，并征求他的意见，他一定会给你一些时间去进行。只要他们知道你能找出解决的办法，他们是不会做划不来的事情的。”

希尔继续说:“还要使你的助理打起精神，你自己也不能再像一个快淹死的人，要让你周围的人都知道你还活得好好的。”

这时他的眼神又露出勇气。

然后他问道：“刚才你说有两项行动，第二项是什么呢？”

“第二项行动是为了保险起见，去留意更好的工作机会。我并不认为在你采取积极的改进措施、提高销售额后，工作不会保不住。但是骑驴找马，比失业了再找工作容易十倍。”

一段时间后这位一度遭受挫折的经理打电话给希尔：

“我们上次见过以后，我就努力去改进。最重要的步骤就是改变我的推销员。我以前都是一周开一次会，现在是每天早上开。我真的使推销员们又充满了干劲，大概是看我有心改革，他们也愿意更努力。

“成果当然也出现了。我们上周的周营业额比去年的高得多，而且比所有部门的平均业绩也好得多。

“喔，顺便提一下，还有个好消息，我们谈过以后，我就得到两个工作机会。当然我很高兴，但我都回绝了，因为这里的一切又变得十分美好。”

道理就是这样，很多时候，我们之所以不为，并不是没有法子为，而是少了那么一点点的勇气，不敢为。社会总是充满着变化，也总是在向前发展。作为社会中的个体，面对这些变化，没有一点敢为的心态显然是不行的。没有这种心态，我们就会害怕变化，害怕未来的不测，就会陷入坐以待毙的窘境，就会使我们的生活、我们的事业越来越糟糕。

满足现在留恋过去的心态，是很多人的心态，他们总喜欢对目前所取得的一点小小的成就沾沾自喜，对过去一些微不足道的成功津津乐道。日复一日，年复一年，在平庸中度过一生，无所作为。

你，愿意做这样一个人吗？

如果不愿意，你就要有意识的多培养一点敢为的心态，这种心态非常重要，它能使我们成为一个挑战者，敢去尝试新的行业，敢去探索新的领域，敢去接触新的事物。多了这样一点心态，我们就不会太安于现状，也不会迷恋于过去的辉煌，不会让知足与惰性主导我们的生活。

成功与失败之间，杰出与平庸之间，强者与弱者之间，往往就是那么一点点的差别。这一点点中，是否拥有敢为的心态尤其重要。

民间有这样醒世之言：

80年代，摆个地摊就能发财，可很多人不敢。

90年代，买支股票就能挣钱，可很多人不敢。

21世纪，开个网站就能赚钱，可很多人不敢。

结果呢？这三个时代，都产生了一小批富豪（相对而言），在很多人看来，他们的致富之路没有任何神奇之处，随便换个人，也都很有可能做到，但为什么只有他们呢？其实，原因就在于他们比很多人多了一点敢为的心态，就多那么一点，财富的风向就因此而转向了他们。

多一点敢为的心态如此重要，那么具体又该如何培养呢？这并不是一件容易的事，但也没有你想象的那么难。

首先，你要有积极的人生态度。积极的人生态度是一种非常珍贵的资源，它能引导我们走出人生的阴影，走向辉煌的明天。拥有了积极的人生态度，你就自然有了敢为的资本；不为，你不会甘心；不为，你不会放弃；不为，你不会成功。

其次，不要怕犯错，世事往往变化莫测，难以预料，没有万无一失的事情。为，你可能犯错，但也可能成功，即使真的犯错，也可以在错误中汲取经验教训，重新上路；不为，你当然不会犯错，但也一定不可能成功。记住，害怕犯错，就什么也干不了。

最后，时刻告诫自己，敢为不能是盲目草率的，不能是蛮干、瞎干，当然更不能是目无法纪、为非作歹的干，而是要有目标、有计划、有具体的实施方法和步骤的，建立在对客观事物的正确分析和认识上，采用合理合法的方式。否则，要么是竹篮子打水——一场空，要么是机关算尽，反误了卿卿性命。

放弃也是一种坚强

如果面对失意，面对不幸，面对不断的挫折，你将被迫放弃生命中一些重要的东西时，你应该如何面对?

放弃也是一种坚强。这看上去似乎是一个充满矛盾的说法，对于那些坚信锲而不舍、金石可镂的人来说，这简直就是一种亵渎。但如果我们尝试着换个角度去思考，就会发现这其中有着深刻的道理。

笔者本人曾经也是一个非常执著的人，只要自己确定了目标，不管付出怎样的努力都一定要坚持下去，而不会因为它的艰难就选择放弃。这么多年，无论生活还是工作都一路畅通的走过来了，也证明了坚持就是胜利这句话的正确性。可并不是所有的东西都是你坚持就一定会得到、会拥有。很多时候，当你付出了诸多的努力之后，突然发现其实那并不属于你，而且也可能永远都不会属于你，即使你可以付出更多的努力去争取，结果还是一样。那么在这个时候，还有必要去继续坚持吗？这个时候做一个取舍可以说是一件相当痛苦的事情。取吧，却明知它不会属于自己；舍吧，又觉得自己已经付出这么多了，真的很不甘心。取，好像是体现了持之以恒的精神；舍，好像是一种服输的表现。其实，在这个时候，舍要比取需要更多的勇气，是一种更坚强的行为。放弃一件并不会属于你的东西或者放弃一件你今生也无法做到的事，多一点果断，少一点执著，这难道不是另一种坚强吗？

更能表明放弃也是一种坚强的道理在于放弃后的态度，如果面对失意，面对不幸，面对不断的挫折，你被迫放弃了生命中一些重要的东西时，你应该如何面对？

我们先来看看世界超级小提琴家帕格尼尼的回答：

上帝像精明的生意人，给你一分天才，就搭配几倍于天才的苦难。

世界超级小提琴家帕格尼尼就是一位同时接受两项馈赠又善于用苦难的琴弦把天才演奏到极至的奇人。

他首先是一位苦难者。4岁时一场麻疹和强直性昏厥症，已使他快入棺材。7岁患上严重肺炎，不得不大量放血治疗。46岁牙床突然长满脓疮，只好拔掉几乎所有牙齿。牙病刚愈，又染上可怕的眼疾，幼小的儿子成了他手中的拐杖。50岁后，关节炎、肠道炎、喉结核等多种疾病吞噬着他的肌体。后来声带也坏了，靠儿子按口型翻译他的思想。他仅活到57岁，就口吐鲜血而亡。死后尸体也备受磨难，先后搬迁了8次。

上帝搭配给他的苦难实在太残酷无情了。

但他似乎觉得这还不够深重，又给生活设置了各种障碍和漩涡。他长期把自己囚禁起来，每天练琴10至12小时，忘记饥饿和死亡。13岁起，他就周游各地，过着流浪生活。他一生和5个女人发生过感情纠葛，其中有拿破仑的遗孀。姑嫂间为他展开激烈争夺。在他眼中这也不是爱情，而只是他练琴的教场。除了儿子和小提琴，他几乎没有一个家和其他亲人。

苦难才是他的情人，他把她拥抱得那么热烈和悲壮。

他其次才是一位天才。3岁学琴，12岁就举办首次音乐会，并一举成功，轰动舆论界。之后他的琴声遍及法、意、奥、德、英、捷等国。他的演奏使帕尔马首席小提琴家罗拉惊异得从病榻上跳下来，木然而立，无颜收他为徒。他的琴声使卢卡观众欣喜若狂，宣布他为共和国首席小提琴家。在意大利巡回演出产生神奇效果后，人们到处传说他的琴弦是用情妇的肠子制作的，魔鬼又暗授妖术，所以他的琴声才魔力无穷。维也纳一位盲人听他的琴声，以为是乐队演奏，当得知台上只他一人时，大叫“他是个魔鬼”，随之匆忙逃走。巴黎人为他的琴声陶醉，早忘记正在流行的严重霍乱，演奏会依然场场爆满……

他不但用独特的指法和充满魔力的旋律征服了整个欧洲和世界，而且发展了指挥艺术，创作出《随想曲》、《无穷动》、《女妖舞》和6部小提琴协奏曲及许多吉他演奏曲。几乎欧洲所有文学艺术大师如大仲马、巴尔扎克、肖邦、司汤达等都听过他演奏并为之激动。音乐评论家勃拉兹称他是“操琴弓的魔术师”。歌德评价他“在琴弦上展现了火一样的灵魂”。李斯特大喊：“天啊，在这四根琴弦中包含着多少苦难、痛苦和受到残害的生灵啊!”

上帝创造天才的方式便这般独特和不可思议。

人们不禁问，是苦难成就了天才，还是天才特别热爱苦难？

这问题一时难以说清。但人们分明知道，弥尔顿、贝多芬和帕格尼尼被称为世界文艺史上三大怪杰，居然一个成了瞎子、一个成了聋子、一个成了哑巴！——或许这正是上帝用他的搭配论摁着计算器早已计算搭配好了的呢。

当你被迫放弃了生命中一些重要东西，比如身体的健全，你能变的更加坚强吗？有人或许会说像帕格尼尼这样的人只是少数，并不能代表什么，那我们再看看下面这些人。

有一个男孩患了小儿麻痹症，当时落后的医学无法救他，他成了瘸子。因此，他的童年、青年时代是在痛苦中度过的。相对于这个世界，他是一名需要照顾的人，说白了，他就是“残废”。在别人或怜悯、或嘲笑、或漠然的眼光中，他的内心充满了自卑。他被自己的缺陷深深地击中了。他的名字叫罗斯福，美国人。

有一个男人非常之高傲，他的思想特立独行，充满了叛逆精神，为此，皇帝很讨厌他，想狠狠地教训他一次。如果砍他头，那也罢了；但是，皇帝下流地阉割了他的生殖器！这种奇耻大辱几乎可以毁灭一个男人的终生啊！无论生理上还是心理上，他都不再是一个正常人，甚至连“残废”的称号也不配！他是谁？他就是大文学家、大史学家司马迁。

他是一位米谷商人的第二个儿子，家庭富足，但他却认为自己的童年并不快乐，因为他自小便是个驼子。行动不便且不说，在别人眼中，他常常沦为小丑、笑料。他是孤立的、孤独的，世界与他之间一直拉开着巨大的距离，他难以逾越那道鸿沟。他成了一个“生活在别处”的人。他叫阿德勒，奥地利人。

罗斯福生命不息、奋斗不止的精神在美国是家喻户晓的。司马迁发奋著书，终成辉煌巨著《史记》，在中国也是妇孺皆知。阿德勒则不为多数人了解，但是，他独树一帜的心理学思想却与弗洛伊德并驾齐驱。

他们的成就与他们的缺陷形成鲜明对照。阿德勒在《自卑与超越》中认为，成功者离不开自卑，他们必须在自卑的动力驱使下，走出自卑的阴影，在更高、更远的地方寻找生命的补偿。

不难看出，他们都被迫放弃了生命中的一些东西，但他们选择了坚强地面对，勇敢地挑战，所以他们最终都顽强地获得了成功。

这，无疑是用行动向我们揭示了“放弃也是一种坚强”的人生哲学。在面对人生困局时，我们也不妨如此待之。少一点自暴自弃，多一点坚强面对。只要我们愿意，无论是被迫的放弃，还是失败的打击，都不能将我们击倒，这一点的心理暗示非常重要。

一夜成名的背后

多一点

任何成功都不是偶然的，都有一个厚积薄发的过程。“一举成名天下知”的背后，往往是“十年寒窗无人问”。

张爱玲在半个多世纪前就发出“呵，出名要趁早呀！来得太晚的话，快乐也不那么痛快”的呼声，如今这句话已成为许多年轻人的座右铭。

君不见，风行于这一两年的各种选秀节目不正是为“出名要趁早”提供这个舞台吗？而在文坛，80后的崛起更是让许多成名已久的作家为之汗颜，张爱玲如果能活到现在，估计也得长叹：后生可畏！

但事实上，成名并不是件简单的事。一夜成名的事情固然有，但要看到人家在这一夜之前有多少的付出，用句京剧的俗语说，就是“台上一分钟，台下十年功”，成名不是一朝一夕的事。

郭德纲就是这么一个活生生的例子。

“床前明月光，疑是地上霜。举头望明月……”台上那位一拍醒木，“我叫郭德纲”。

眼下如果还有谁不知道郭德纲是谁，那绝对是落伍的表现。从2005年年底开始，直到现在，郭德纲都是社会上最热的关键词之一。由其率领的相声剧团“德云社”更是火的一塌糊涂，再高的票价，观众都是趋之若鹜，就这还一票难求呢！

郭德纲出名了，形象的说就是“突如一夜春风来，天上掉下个郭德纲”，在世人眼里，这是名副其实的一夜成名。可事实上，在这一夜成名的背后，郭德纲像所有的“北漂”族一样，有过辛酸，有过落魄，闯荡京城十年，他历经了人生的坎坷：他面对过台下只有一个观众的尴尬；他还曾被人欺骗，拿不到应有回报，结果在深夜十点，已没公交车的情形下，他用仅有的一两元钱，买了几个包子，然后冒着严寒，从天桥走回黄村的住地；没钱治病，他把身上仅有的呼机当掉，用所得的10块钱买了药和俩馒头；北京城里的当铺是他当年最常去的地方之一……

世界是公平的。没有白捡的便宜，也没有白费的工夫。在经历了十年如一日的努力与坚持后，郭德纲终于成功了，而且是那种大红大紫的成功，不可否认，这里面也有媒体炒作的功劳，但最终要还是靠人家自身的努力。有人说郭德纲是相声界的《大长今》，以笔者看，他的经历比大长今更具有励志意义，因为《大长今》毕竟只是一部虚构的电视剧，而郭德纲的经历却是活生生的。

它告诉我们这样一个道理：任何成功都不是偶然的，都有一个厚积薄发的过程。“一举成名天下知”的背后，往往是“十年寒窗无人问”。

为了增强说服性，我们再来看一个关于成名背后的故事：

国际影星史泰龙未成名前，是一个贫困潦倒的穷小子。当时他身上的现金只剩100美元，惟一的财产，就是一部又老又旧的金龟车，而他就睡在车里。史泰龙穷得连停车位的钱也舍不得付，所以他老是将车子停在24小时营业的超市门口，因为那里的车位是不用付钱的。史泰龙的理想是想要成为电影明星。于是他挨家挨户地拜访了好莱坞的所有电影制片公司，寻求演出的机会。

好莱坞总共有大约500家左右的电影公司，史泰龙逐一拜访过后，任何一家电影公司都不愿意录用他。史泰龙面对500次冷酷的拒绝，毫不灰心。他回过头来，又从第一家开始，挨家挨户地自我推荐。第二轮的拜访，好莱坞500家电影公司当中，总共有多少家拒绝他呢？答案是500家，仍然是没有人肯录用他。

史泰龙秉持自己的信念，将1000次以上的拒绝，当做是绝佳的经验，鼓舞自己又从第一家电影公司开始。这一次他不仅争取演出的机会，同时还向对方推荐自己苦心撰写的剧本。

第三轮带着剧本努力拜访好莱坞500家电影公司的史泰龙，有没有成功呢？

答案还是一样，好莱坞的电影公司全都拒绝了他。

史泰龙总共经历了1885次严苛的拒绝、无数的冷嘲热讽，总算有一家电影公司愿意采用他的剧本，并聘请他担任自己剧本中的男主角。

这部影片的名字，就叫做《洛基》。从此之后，史泰龙每一部影片，皆十分卖座，奠定了他国际巨星的地位。

从身上仅剩下100美元的穷小子，到每部影片片酬超过2000万美金的超级巨星，史泰龙凭借坚强的意志和不懈的努力，实现了自己的人生梦想。（颜如玉）

史泰龙之所以勇于面对无情的拒绝，数不清的打击，来自他坚定的信念："没有所谓失败，只有暂时的不成功而已。"

事实上，不只是郭德纲、史泰龙，许多现在已大红大紫的明星，都曾有过落魄、失意的经历，被誉为全球第一性感男星的布拉德·皮特在未成名之前，给脱衣舞娘开过车；港片头号影星周润发一度被视为票房毒药；喜剧之王周星驰未成名之前，跑了五年的龙套……

成功的路遥远而艰辛，路边倒毙的每一具尸体都曾是一个在起点上充满信心、跃跃欲试的活生生的人，对这条路的尽头有无限的憧憬。而最终能取得成功的，必然是那些比常人多一点刻苦、多一点忍耐、多一点坚持、多一点拼搏的人。为耀眼“光环”所笼罩的名人就是这其中最为典型的例子。

我们在追捧、羡慕甚或妒忌那些明星的时候，何不稍稍地将目光脱离开他们如今的风光无限，去看看他们背后的成功之路，看看表面上与我们相差无几的他们，到底多了一点什么我们所不具备的东西，从中得到的启示必然深刻。

第二章　交际的误区离远点

现代社会，人际关系决定成败。人际关系搞得好，就能减少奋斗N多年。反之，一旦步入交际误区，就很可能为自己的成功之路平添许多人为的障碍。

关于如何交际的学问，我们已经知道了很多，但关于交际的误区，我们却认识的很少。事实上，后者对成功的影响之大绝不输于前者。离交际的误区远一点，到成功的终点就会近一点。本章所要告诉你的正是远离交际误区的实用学问。

请为你的冷漠付费

多一点

现代都市里，就算是住在同一个地方，同一栋楼，甚至就算是邻居，来了什么人，又或是换了谁，有多少人留意，又有多少人能送上一句温暖的问候。有时我们不仅要问，是人的思想变了？还是环境变了？是环境改变了人，还是人改变了环境？

“要想不被别人拒绝，最好的方法就是先拒绝别人。”这是电影《东邪西毒》中的一句经典台词。

有人说《东邪西毒》讲的是一个拒绝与被拒绝的故事。

欧阳锋冷漠的话语似乎包含着人生最深刻的智慧。洪七却并不相信，他接受了那个牵着驴子的女人的一个鸡蛋，去为她复仇，并为此付出了一个手指的代价。但他并不后悔，他用温暖和纯真为自己赢得了未来，也证明了冷漠并不是人活在这个世界上最好的方法。

许巍在歌中唱到“经历了人生百态世间的冷暖，这笑容温暖纯真”。但在这个让物质、利益、私欲、猜疑异化的几尽冷漠的时代，尤其在钢铁混凝土和虚拟网络所包围的现代化都市里，这份温暖与纯真的笑容，我们能见到多少。

现代都市里，就算是住在同一个地方，同一栋楼，甚至就算是邻居，来了什么人，又或是换了谁，有多少人留意，有多少人能送上一句温暖的问候。有时我们不仅要问，是人的思想变了？还是环境变了？是环境改变了人，还是人改变了环境？

一些人认为是自己的优秀拉开了同他人的距离，而不是自己太过冷漠，事实上，这是自欺欺人。冷漠才是造成自己孤独的原因。

有这样一个有趣的实验：美国心理学家为从动物实验中获得有关爱的人类行为线索，为幼猴设计了五种人造母猴，观察“母亲”的拒绝会在幼猴的身上引起怎样的反应：第一种偶尔用压缩空气吹幼猴；第二种会猛烈晃动，致使幼猴无法爬到母亲身上；第三种装有弹簧，能将幼猴弹开；而第四种“母亲”的身上居然布满了铁钉。但这四种“母亲”都未能将幼猴从它的“母亲”身边赶开，惟独第五种体内灌有冰水的母猴使幼猴躲在墙角，并永久地拒绝了母亲。

心灵的冰水，即使是亲情的阳光也难以融化。这个实验充分证明了冷漠才是孤独的决定性原因。

不可否认，人与人之间是有距离的，而且是天然的距离，如果抹杀或无视这种距离，那么，就难免伤害彼此。这样的例子在生活中不乏多见，也就是各类励志书中所经常看到的——“保持距离”。但是，我们应该认识到，保持距离并不是冷漠待之，不能风声鹤唳，草木皆兵，闹到谈虎色变、谨小慎微的地步。只要我们在与别人交往时，头脑中装上谨慎这根弦，多一点热情，但不失控；多一点真诚，但不轻信。那么就可以在保护自己的同时避免伤害他人。我们这个社会也就会美好许多，温暖许多。

1935年，时任纽约市市长的拉瓜地亚，曾在一个位于纽约的贫穷脏乱的区域的法庭上，旁听了一桩偷窃案的审理。

被控罪犯是一位老妇人，被控罪名为偷窃面包。在讯问到她是否清白或愿意认罪时，老妇人嗫嚅着回答：“我需要面包来喂养我那几个饿着肚子的孙子，要知道，他们已经两天没吃到任何东西了……”

审判长答道：“我必须秉公办事，你可以选择10美元的罚款，或者是10天的拘役。”

判决宣布之后，拉瓜地亚从席间站起身来，脱下帽子，往里面放进10美元，然后面向旁听席上的其他人说：“现在，请每个人另交50美分的罚金，这是我们为我们的冷漠所付的费用，以处罚我们竟让祖母偷东西来喂养孙儿这样的事发生在我们所在的城市的过失。”

无人能够想像得出那一刻人们的惊讶与肃穆，每个人都悄无声息地、认认真真地捐出了50美分。

毫不夸张地说，冷漠是一种特殊的罪恶。上文中，人们用同情和救援，弥补了自己的这种罪恶，而有时候，它需要以生命为代价来偿还。

曾经，网络上盛传着这样一个故事：

山间公路上，三名持枪歹徒盯上了漂亮的女司机，强迫汽车停下，要带女司机下车去“玩玩”，女司机情急呼救，全车乘客噤若寒蝉。只有一中年瘦弱男子应声而起，却被打伤在地。男子气极，奋起大呼，试图让全车人共同制止暴行，却无人响应，任凭女司机被拖至山林草丛。半个时辰后，三歹徒与衣衫不整的女司机归来。车又将行，女司机要被打伤流血的瘦弱男子下车。男子不让步，僵持起来。

"喂，你下车吧。我的车不拉你！"

中年男子急了，说："你这人怎么不讲道理，我想救你还错了吗？"

"你救我了吗？你救我什么了？"女司机矢口否认，引得几个乘客窃笑。

中年男子气极，恨自己身无大侠之力！救人未救成，可也不该得到被驱逐下车的结果呀，他坚决不下。"再说我买票了，我有权坐车！"

女司机板起脸，无情地说："你不下车，我就不开。"

没想到的是，刚才还对暴行熟视无睹的乘客们，却都像刚刚睡醒般，齐心协力地"劝"那男子下车："你快下车吧，我们还有事呢，耽误不起！"有几位力大的乘客甚至想上前拖这中年男子下车，使人想起莫泊桑笔下《羊脂球》里的情节。

三个歹徒咧着嘴，得意地笑了。其中有个黑皮无赖毫不知耻地说："哥们把她玩恣了！"另外两个歹徒也胡言乱语，"她是我对象，关你屁事！"一场争吵，直到将那男子的行李从车窗扔出，他随后被推搡而下。

汽车又平稳地行驶在山路上，女司机掠了一下头发，按响了录音机。

车快到山顶，拐过弯去就要下山了。车左侧是劈山开的路，右侧是百丈悬崖。汽车悄悄地加速了，女司机脸上十分平静，双手紧握着方向盘，眼睛里淌出晶莹的泪水。一歹徒似乎觉察到了什么，说："慢点开，慢点开，你他妈的想干什么？"

女司机并不说话，车速越来越快。歹徒企图扑上前去抢方向盘，汽车却像离弦的箭向悬崖冲去……

第二天，当地报纸报道：伏虎山区昨日发生惨祸，一中巴摔下山崖。车上司机和13名乘客无一生还。半路被赶下车的中年人看到报纸哭了。谁也不知道他哭什么，为什么哭。（纪宇）

这虽然很可能只是一则传闻，但其中蕴涵的道理发人深省。惨剧的罪魁祸首是冷漠，是人们心灵的冷漠，展现在我们面前的是一颗颗沙漠化了的人心。当这片沙漠肆意暴虐时，没有人能逃脱它的吞噬。

贫穷与愚昧并不可怕，真正可怕的是冷漠和麻木！

曾几何时，团结、热情、友爱、互助的良好风气让我们的社会大家庭无比温暖，人与人之间的关系真实自然。而如今，社会经济飞速发展，人们的文化素质也提升的飞快，但团结、热情、友爱、互助的良好风气却正在逐渐淡化。这不能不说是一种悲哀。

事实上，很多时候，人们之所以选择冷漠，并不是出于真心，而是源于无奈、胆怯和犹豫，真正冷漠的人实属少数。近些年来，一些热心助人或见义勇为者，被警惕、怀疑、猜测、误解、伤害的事例不断发生，确实给社会风气带来不良影响，给原本热心肠的人们浇了一瓢冷水。这才使很多人选择带上冷漠的面具做人处世。但我们要指出的是，这并不能成为人们选择冷漠和麻木的托词，做人处世最基本的准则，就是要有最基本的爱心与同情心，一个没有同情心，缺乏爱心的人，绝对不是一个拥有完整人格的人。

人之初，性本善。我们并不是苛求每一个人都成为雷锋式的人物，但多保持一点人性最初的善良和爱心，对我们并不是过高的要求。事实上，要打破冷漠的坚冰很容易，多奉献一份爱心，多展露出一点微笑，多伸出一双热情的手，多说一句关切的话语。那么，你我的世界都将会被温暖所包围。

为什么“狗眼看人低”

多一点

不要再为“狗眼看人低”而气愤了，多争一点气，少生一点气，只要你有本事，把自己的经济地位和社会地位提高了，那么走到那里都会赢得别人的尊重。即使还会碰到看不起你的人，在你的本事面前，他们最终也都会“自己打自己的耳光”。

“哼，狗眼看人低！”

被人轻视甚至鄙视，内心愤懑不平，恨意炽燃之时，这句话恐怕是许多人口中最容易说出的话，即使不说出来，内心也难免有这样的嘀咕。你有没有这样的经历？

生气不如争气，在被“低看”的时候，先别忙着生气，最好先检查一下自身，是不是有什么东西确实会让人家低看的，自己是不是确实和人家差着老远。如果没有，那就是“看者”的问题，可能是你以前得罪了他，他存心找你别扭，或者是他有什么事情需要找人发泄，而你恰好碰到了枪口；如果有，那你最好用行动去改变，去赶超，而不要只在口头上发泄一下怒气。那样别人只会一直“低看”你。正所谓“知耻近乎勇”，“知耻”只是离勇敢近了一点而已，还算不上“勇敢”。从别人的轻视中，看出自己的不足，激起强烈的自尊心和上进心，拿别人的“白眼”做梯子，一步步勇敢的攀登人生的高峰，这才是正确的对待被人“低看”的方法。

来看这样一则生活中的实例：

小霍长的极为帅气，小伙子心气也高，自命不凡，但能力却是一般，耽于幻想，疏于实干，做什么事情都不肯下工夫，都不能踏踏实实的坚持到底。时间一长，原本还对他很看好的同事、领导都泄了气，认为他只是“金玉其外”。所以，小霍的工作开始变的不顺，每次讨论加薪晋级，他基本都被排除在外。

小霍是个很在意别人如何看待自己的人，他感觉到周围的人越来越轻视他，而他也越来越憎恶周围的人。一次，他主动向领导申请去执行一个任务，结果被领导毫不留情地直接否决。小霍深受打击，也更添恨意，此后，他一见到领导，就从内心里嘀咕着“狗眼看人低”，对同事甚至家人也没有好脸色，好像天下人都欠他似的。由此，小霍的人际关系更加糟糕，别人对他的评价也越来越低。

如何才能摆脱这种恶性循环，小霍自己是没了办法，他也不想有办法，在他看来，这就是别人“狗眼看人低”。小霍的父亲看到儿子这样，很是心痛，决定下一剂重药：

“人家为什么不能‘狗眼看人低’？你自己想想，你有什么东西是值得别人高看的吗？

“己立方能立人，你这样懒懒散散、不思进取，只知道一味的埋怨，领导怎么会给你好脸色？

“加薪晋级都是靠本事争取的，你的本事是什么？你的一副臭皮囊，还是光想不干的工作作风？”

……

父亲的一番训斥，使小霍犹如醍醐灌顶，恍然大悟，他终于想通了一个道理：造成“狗眼看人低”的，并不是别人，而是他自己，要改变这种状况，还得从自身做起。

此后，小霍端正了自己的态度，踏踏实实地做事，不但在本职工作上进步迅速，而且还在业余时间学会了维修电脑的“真功夫”。公司的电脑、领导的电脑包括同事和朋友的电脑坏了，他都主动帮助修理，周围人对他的态度很快就变了，领导对他和气了许多，嘘寒问暖，一些重要工作任务也开始交给他来完成；同事们则更加热情，见到他时，老远就开始打招呼。年终大会，小霍因为在工作上的突出表现，终于加薪晋级，还拿了一个“人气奖”。

现实生活中，被人“看低”，受人轻视是常有的事情，尤其是对于正处在为成功而努力奋斗的年轻人来说。被人“看低”的结果有两种，一种是怨天尤人，不思改变；另一种则是知耻而后勇，先正确认识到自己的不足，然后以此为基点，努力上进以求弥补或改变。上面故事中的小霍在父亲的帮助下，最终选择了第二条道路。而事实上，这种选择，很多时候是要靠自己独立做出的。

在面对被人轻视、低看，甚至是遭受侮辱的时候，多一点镇定和冷静，要清醒地意识到，一句“狗眼看人低”并不能改变什么，如果不能知耻而后勇，用行动弥补自身的不足。别人该低看你照样低看你。

所以说，不要再为“狗眼看人低”而气愤了，多争一点气，少生一点气，只要你有本事，把自己的经济地位和社会地位提高了，那么走到那里都会赢得别人的尊重。即使还会碰到看不起你的人，在你的本事面前，他们最终也都会自己打自己的耳光。

你不是一个人在战斗？

多一点

大教育家陶行知说过这样一段经典的励志语：淌自己的汗，吃自己的饭，自己的事自己干，靠天靠地靠祖宗，不算是好汉。的确，生命当自主，我们可以同别人一起“战斗”，但不能将希望完全寄托在别人的身上，更不能受制于人，否则，你将享受不到创造之果的甘甜。

“点球！点球！点球！格罗索立功啦！不要给澳大利亚人任何的机会！伟大的意大利的左后卫，他继承了意大利足球的光荣传统！法切蒂、卡布里尼、马尔蒂尼在这一刻灵魂附体！格罗索一个人，他代表了意大利悠久的光荣传统！在这一刻，他不是一个人在战斗！他不是一个人！……”

2006年世界杯黄健翔的这段疯狂解说，曾在国内轰动一时，各种恶搞版本在网上层出不穷。“你不是一个人在战斗！”这一句话还被评为2006年十大流行词之一。

你不是一个人在战斗！的确，这句话说得极有气势，极富煽动性。黄健翔本人也被这句话推上了风口浪尖，在一些人眼中，他已成为斗士、英雄的化身。

但冷静下来仔细想想，这句话存在一定的错误，而且有很强的误导性。的确，从某种意义上讲，我们都不是一个人在战斗，任何时候，身后都有一个人甚至一群人在支持着我们。但我们不能因此就以为做什么事都会得到别人的帮助。记住：人生战斗的成功与否，关键还在于你自己，多靠自己一点，在此基础上，寻求别人帮助才是正确的做法。人，始终是要靠自己活着的，在人生的不同阶段，尽力达到应该达到的自立水准，拥有与之相适应的自立精神。这是当代人立足社会并取得发展的基础。

稍有哲学常识的人都知道，内因对事物的发展起决定性作用，外因只是通过内因起重要作用。一个缺乏独立自主能力的人，连自己都管不了，还能奢谈成功吗？能生存下来，就算运气好了。

大教育家陶行知说过这样一段经典的励志语：淌自己的汗，吃自己的饭，自己的事自己干，靠天靠地靠祖宗，不算是好汉。的确，生命当自主，我们可以同别人一起“战斗”，但不能将希望寄托在别人的身上，更不能受制于人，否则，你将享受不到创造之果的甘甜。

文学大师金庸的儿子查传倜就是依靠自己，闯出一番天地的典型人物。本来他可以托庇父荫，轻易地让自己的人生之路走的一帆风顺，但他却执著地选择了靠自己的努力取得成功。

查传倜是金庸的二儿子，在家中排行老三。父亲是著名的武侠小说大师，在别人眼中是大人物，但在查传倜眼中金庸只是他的父亲，他并没有因为父亲是名人而有压力。开始时，他曾在父亲授权的香港明河社出版有限公司任副经理，主要出版及代理金庸的著作。然而，作为一个男人，他认为在父亲所创造的辉煌下坐享其成是极其可耻的行为。于是干了不长时间，就向父亲提出了辞职。

后来，经过几番磨砺，他发现自己对于餐饮业有着特别的爱好，而且自己又很会品菜，便决定在这个行业一试身手。

为此，查传倜特意来到杭州西湖边一家颇为出名的餐馆，并让老板做了他们的招牌菜。品尝完以后，查传倜为这道菜取了个很有个性化的名字：龙飞凤舞迎喜燕。结果，赢得满堂喝彩，老板也是行家，觉得这个人不简单，便索性让他为餐馆的好几道菜重取了名字。事后，老板不仅没要查传倜的饭钱，还付给他100元的取命费。

牛刀小试便大有收益，这使得查传倜振奋不已，他决定再接再厉，继续品菜，并积累经验，为以后创业做好准备。从而彻底离开父亲的帮助，独立打拼生活。在品菜的过程中，他虽然也有过失败之痛，也常遭人冷眼、误解。但大多数时候，都受到了餐馆老板的认可和赞扬。

经过了一段时间的磨炼后，查传倜觉得时机已经成熟，便决定返回香港开一家特色餐馆。不久，一家名为“食家菜”的小餐馆便开张了。创业初期，为了节省资源，查传倜并没有雇多少人手，事事亲力亲为，由设计菜式、起菜名，至订位、订货甚至服务员等都是自己一手包办。

一次，一位顾客存心讽刺查传倜，在看到他一身服务员打扮后，大声叫到：“这不是金庸的二公子吗？发生了什么变故，竟屈尊在这里当起了服务生？”在场的食客多不知真相，闻听此言后，一阵骚乱，交头接耳，议论纷纷，有的人甚至当面起哄，同那个闹事者一起奚落查传倜。但查传倜并不为之所动，说道：“我不会靠父亲的名声混饭吃，我的双手同样有力。不要把名人的后代都

看成只能享乐不能吃苦的人，我同你们一样，在用自己的双手打拼!”一番理直气壮的话让那些食客无不暗挑大拇指，那个闹事的人反而搞了个灰头土脸。

如今的查传倜和他的“食家菜”在香港虽不能说是大名鼎鼎，但在饮食圈内也算小有名气。而最重要的是，查传倜靠着自己的努力，走出了自己的人生之路。

“依靠自己，相信自己，这是独立个性的一种重要成分。”米歇尔·雷诺兹说道，“是它帮助那些参加奥林匹克运动会的勇士夺得了桂冠。所有的伟大人物，所有那些在世界历史上留下名声的伟人，都具有这样一个共同的特征。”

在现今这个竞争异常激烈的社会，要取得成功，很多时候就得独辟蹊径，多涉足一点别人未曾涉足的天地，而这就要求你一定要抱着“我是一个人在战斗”的思想，把重心始终放在自己身上。当然，这并不是说，我们就要做“独夫”，不求助于别人，不听别人的意见，什么事情都靠自己一个人蛮干，这样也很难会成功。只是强调我们要多靠一点自己，少靠一点别人。试想，自己如果都靠不住，那还有什么人是我们所能靠的呢？

不来往的老同学

多一点

同学之间的联系是一种感情的沟通和信息的交流，同学之间事业上有差距是正常的，不正常的是因差距而带来的别扭心理、自我封闭状态甚至敌意。常拿起电话，多与老同学联系，向老同学的成功表示一下真诚的祝贺，互相之间需要帮助的地方也不妨坦诚相告，也可借鉴同学的成功经验，寻找一些新的机会，何乐而不为呢？

小张的一位大学同学来北京公干，大家很开心地聚了一次，互相约好保持联系。结果那位同学倒是给小张打过几次电话，小张却因为忙于自己的事情，疏于联系这位同学。后来，两人这段关系就逐渐淡了。

一次，小张心仪的一位女生问他在广州有没有朋友，自己要去那边出差，又听说广州的治安不太好，因此想找个人接车。结果，小张想来想去，总算想起上次那位同学就在广州工作。如果小张与这位同学保持联系，他肯定可以心安理得的给那位同学打一个电话，让他关照一下，可是，现在有求于人才联系，小张很难抹下脸皮，况且自己对人家那样冷淡，人家也不一定会帮自己这个忙，即使帮，也不一定尽心。就这样，小张失去了一次很好的抓住爱情的机会。

人际关系需要经营，更需要懂得利用。而同学关系就是最容易经营和利用的人际关系，它只需要你付出多一点点的时间和空间。常与老同学保持联系，不仅可以在情感上得到沟通和交流的对象，而且对自己的生活和人生也会有所帮助，可谓一举两得。所以，空闲的时候，不妨拿起电话，多与老同学联系联系。

其实这层道理谁都明白，可为什么就是有那么多人不愿意与老同学联系呢？

一般来说，学校是这个社会上相对来讲比较纯洁的一块净土。在学校时，同学之间的关系比较单纯，大家绝少有什么利害冲突，财富、地位、权势在这里的市场极小。作为一个学生，只要凭借个人的努力与才华，勤奋学习，取得好成绩，就能赢得同学的尊重与老师、家长的喜爱。

可惜的是，悠悠岁月流逝，大家转眼各奔东西，走向社会的各个岗位。在社会工作中，一个人能否取得进步和成功，个人的才华与努力当然也至关重要，但相对而言，各种偶然因素的作用也日益重要起来。

你的父母是农民或下岗工人，他的父母是某级领导干部或某领域的专家，那么家庭对孩子支撑力度肯定不同，可能在学校时你成绩比他强，但这个好一些的工作岗位还是与你无缘而他则轻而易举地获得。

大家在工作中努力程度与工作业绩难分高下，但领导对他就更欣赏一些，他的性格、为人或某些别的因素更对领导的口味或更适合这个工作。你在原地踏步，他已然连升几级。

你所在的行业不景气，企业经营困难，他自办了个计算机小公司却飞速发展，或是股市淘金发了大财……

在这种赛跑中，原先平等相处，仿佛位于同一起跑线的老同学之间逐渐拉开了距离。甚至依照当年的单一测试系统(考试)，你还有优势呢，你成绩比他强，你或者是班长、学生会主席，而他当时还是你的帮助对象。面对这种现实，我们大多数人心中多少都有些失衡：往日的心理优势或平等均势已然被劣势不平所取代。

在现实面前，一部分人能坦然处之。落后者承认自己只是具有单方面的优势而如今是综合考试，发达者也没有因今日的成就而瞧不起昔日的老同学，也非常乐意伸出援助之手，同学之间可以合作、互帮互助，大家相处得很融洽。

也有一部分人做不到这一点。许多落后者仍沉浸在以往的旧情绪中，面对今日同学的成就首先有一种敌意对抗，顾影自怜之时还不忘数落对方：他发达了，不屑于给我们这些老同学打电话，我们为什么去巴结人家，没有他我照样能活。

这大概就是我们不愿意联系老同学的原因。

其实，疏于联系绝不是一方的过错，大家忙碌于自己工作生活时或许本就很少和老同学长久地保持联系，地位平等时还没什么，有了距离反而要把账算到对方头上。而且有了这种心理，还会越来越认为人家牛气，越发有意同对方疏远。

同学之间的联系是一种感情的沟通和信息的交流，同学之间事业上有差距是正常的，不正常的是因差距而带来的别扭心理、自我封闭状态甚至敌意。常拿起电话，多与老同学联系，向老同学的成功表示一下真诚的祝贺，互相之间需要帮助的地方也不妨坦诚相告，也可借鉴同学的成功经验，寻找一些新的机会，何乐而不为呢？

最后，需要强调的一点是：人际交往贵在诚。同窗之谊虽然是极为可贵的一种友情，虽然有过长时间的积累和沉淀，但并不等于不需要经营，不需要显示自己的诚意，如果你把与老同学联系当成自己偶尔感情的寄托，或者把求老同学帮忙当成天经地义的事，而很少甚或不考虑对方的想法，那么，这种感情的联系迟早会被破坏。

远离那些减少你成功的人

多一点

社会上已经有那么多人在交友上栽了跟头，所以我们要时时刻刻警惕这些潜在的祸根，不要让怕得罪人的心理和好奇心超越了理智。否则失足成恨，哭都来不及。

正所谓近朱者赤，近墨者黑。如果你想成功，那就与那些减少你成功的人离远点，多跟成功的人在一起。

有位农民从省城买来一批新培育的玉米种子，据说结出的玉米棒子又甜又黏，在市场上很受欢迎。邻居们闻讯来向他打听新种子的情况，这位农民担心大家都种新品种，会使他失去竞争优势，便假装糊涂，说种子是亲戚送的，自己也不知道在哪里出售。邻居们买不到新品种，只好继续种原先的种子。

天有不测风云，谁知收获的时候，这位农民发现他种的新品种，口感既不甜也不黏，和邻居家的玉米相比，也强不到哪里去。他以为是种子公司把劣质种子卖给他，便专程去省城找种子公司。种子公司又去请教农科院的专家，经过专家分析鉴定，他买的种子的确是新品种，之所以结不出新型玉米，原因是他的优良品种接受了邻居田中劣等玉米的花粉，从而产生了质变。

植物受周围环境的影响产生质变，人也一样，如果你身边尽是消极的人，你也很难成为一个积极的人；如果你老是和那些混日子的人在一起，那你就不可能成为一个勤奋的人。有位年轻人，刚刚调到一个事业单位，工作热情很高，每天提前半小时上班，主动地打扫楼道和厕所。两个月后，他发现别人都是“八点上班九点到，一杯茶水一张报”。他想，我凭什么要工作得比别人辛苦？他受周围环境的影响，一年后也变成一个“油瓶倒了也不扶”的人，上班时和别人一样，再也看不见他去打扫厕所和楼道了。

不知你注意过没有？一个人常跟好发牢骚的人在一起，就学会了发牢骚；常跟爱发火的人在一起，就学会了发火；常跟不求整洁的人在一起，也会变得脏乱不讲卫生；常跟品行不好的人在一起，就会变坏。遗憾的是，不少人对自己身上发生的这种改变却熟视无睹，就如同我们平时住在烟雾迷漫的城市里，习惯于污浊的空气一样。我们每个人都生活在一个群体里，稍不留神，就会受到他人的不良影响，人受到这种影响有时就像一个受他人控制的被催眠者一样，身不由己。催眠师用催眠方法能让一个足球运动员的腿抬不起来，也能让一个举重冠军无法举起桌子上的铅笔。催眠师凭的不是什么“法术”，也并未削弱足球队员和举重者的丝毫力量，只是在他们受到催眠的状态时，向他们灌输了否定意识，不断地说：“你根本无法做到。”这时被催眠者在意识模糊的情况下，就身不由己，否定意识使他们自己打败了自己，所以就无法显示自己真正的力量。

尤其是青少年，正处在一个生理上走向成熟，心理还尚未成熟的动荡时期，最容易受周围人和环境的影响，一点儿引诱和误导就很可能使其走向人生泥潭。生活为青少年渲染了五颜六色，也设置了无数沟坎陷阱和种种诱惑，谁能担保自己一点儿也不受周围人和事的影响？保不住你身边就有一个问题少年正在向你走过来，和你成为“哥儿们”，一点点地诱惑、腐蚀你，这对你来说，实在是悬在头上的一块危石，不知哪天就会伤害你。某中学初二学生郭某，原先是个品学兼优的三好学生。一天下午放学，同班的王某邀他去看录像，他借故家里有事，便拒绝了。过了几天王某又塞给他一张门票说：“今晚的带子又惊险又刺激，别错过机会。”郭某怕得罪了王某，又出于好奇，就接受了。看了第一次，就想看第二次。从此难以自拔，一幕幕的幻觉，一个个刺激的镜头，使他产生了“试一试”的冲动，结果他与王某从看黄色录像走向了犯罪，最后一起沦为少年犯。

社会上已经有那么多人在交友上栽了跟头，所以我们要时时刻刻警惕这些潜在的祸根，不要让怕得罪人的心理和好奇心超越了理智。否则失足成恨，哭都来不及。

近朱者赤，近墨者黑；既然近小者小，也能近大者大。我们看看那些杰出的成功者，他们的成长和发展，就是从学习优秀者开始的。

柏拉图20岁那年，一次去听苏格拉底的演说，听完演说之后，便立即下决心，要拜苏格拉底为师。他敲开苏格拉底的门，说：“尊敬的苏格拉底先生，我是柏拉图，我想当您的学生。”

苏格拉底问柏拉图：“年轻人，你为什么要拜我为师呢？”

“您有一句话我记得很清楚，那就是‘认识自己’，如今我就没有认识自己。”

“你既然知道我这句话，那么你也应该知道我对自己的评价——‘我知道我一无所知’。”

“神都认为您最聪明，可是您却这样评价自己，这正是我学习的地方。一个人不知道自己的无知，那才是双倍的无知呢，这也是我为什么来拜您为师的原因。”

据说，柏拉图在苏格拉底的身边学习了整整8年，后来成为古希腊的一位哲学巨人。他受苏格拉底的影响，看事物的角度也很独特，总是从心灵中去体验世界。他的主要著作《理想国》就是一部很有价值的长篇对话录。

人们都知道世界赫赫有名的钢铁大王安德鲁•卡内基是个成功者，但很少有人知道他的成功与学习模仿成功者有关。他把自己在各方面所羡慕的人作为理想的榜样，用“理想榜样”来调整自我意象。他喜欢学习模仿洛克菲勒、摩根和其他金融巨子，留意这些人的一举一动，研究这些成功者的信念，模仿成功者的毅力，从而影响和促成自己走向了成功，成就了辉煌。

人常说：挨金似金，挨玉似玉，挨着木匠会拉锯。多跟快乐的人在一起，就能学会享受生活中的快乐；多跟热心的人在一起，就会变得富有热心；多跟成功的人在一起，也会去追求成功。这就像练习书法一样，手边备有许多真正的好碑好帖，时时观赏、练习，必能练出一手好字。

朋友们，假如你想找到一条容易成功之路，那就从现在开始，多去寻找那些表现杰出的人，多观察一点儿他们的行动，多倾听一点儿他们的言语，并尽量多一点儿和他们的交往，向他们学习。你如果发现某人表现突出，你心里要立刻跳出这么一句话：“他是怎么做到的？”这时你也会产生追求卓越的希望，从你所见所闻的每件事里挖掘出成功的“金矿”。假如你现在想找一个积极的朋友，一时又难以找到，那你就在伟人的自传或中外名著里找一个好朋友，你虽然和书里的朋友没有见过面，但你可以在书里和他面对面地谈心、交流，从他们身上一点点地汲取营养，汲取智慧，积少成多，总有一天，你会感受到这种营养和智慧带给你的巨大能量。

美国伟大的作家马克•吐温曾经这样跟一群年轻人说:“远离那些要减少你成功的人。”他还说,“那些真正伟大的人会使自己觉得你也可以变得伟大。如果你要成功，少接触小人，多跟成功的人在一起。”

一条横亘在人生路上的毒蛇

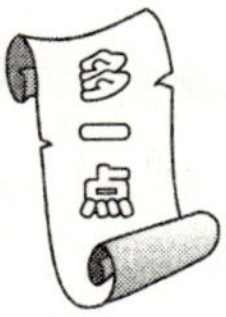

猜疑是一条横亘在人生路上的毒蛇，它会不时跑出来毒害你身边的人，也包括你自己。心里哪怕有一点点的猜疑，也很可能蔓延成祸，让你失去最珍贵的东西。

俗话说：害人之心不可有，防人之心不可无。这话没错，但并不等于对任何人都要心存猜疑。生活中，一些人往往过于敏感，见风就是雨，像柴火般一点就着，动不动就捕风捉影的胡乱猜疑别人，结果最后往往是害人害己。

猜疑其实是一种消极的自我暗示，是缺乏真实根据的胡乱猜测，会影响人们对客观事物的判断，导致人在遇事时总习惯性地往坏处想，使自己陷入紧张、焦虑和不安之中，甚至惶惶不可终日。在这种不良心理的驱使下，人往往会做出许多不理智的事来。

世界名著《茶花女》中的阿尔芒，因猜疑爱人玛格丽特，采取报复行动，使她含恨而死；莎士比亚笔下的奥赛罗，因为猜疑自己的贤妻苔丝狄蒙娜不贞，居然将她活活闷死，而当真相大白后，他痛悔不已，以致以自杀来向妻子谢罪；《三国演义》中曹操杀吕伯奢、杀杨修、杀华佗也都是因为猜疑之心。

现实生活中也不乏猜疑者，因猜疑所致的悲剧每天都在上演。比如下属疑心上司专找自己麻烦；上司疑心下属有越权行为，有取自己而代之的野心；同事间因猜疑勾心斗角；朋友因猜疑反目成仇，恋人因猜疑而分道扬镳；夫妻因猜疑导致感情破裂、家无宁日，甚至妻离子散……

南方某报纸曾经刊登过这样一条新闻：

李某在某市的一个砖厂打工，与同事贺某一见如故，两人同吃一锅饭，同住一间屋，经常一起喝酒聊天，关系好的就像亲兄弟。

一天晚上，李某与贺某在一起对饮了几杯。之后，李某感到头昏脑涨，开始他以为是自己酒喝多了，没往别处想，不曾想第二天依然如此。这下子，李某便起了疑心，他竟怀疑是贺某在酒里下了毒药，想害死他。猜疑心一起，便一发不可收拾，最后冲昏了头的李某决定来个先下手为强。这天晚上，李某见贺某走出房门，就手持一把匕首，躲在门后。几分钟后，贺某返回时，李某手持匕首疯狂扑向好友，在他身上连捅八刀，导致贺某当场死亡。

这则新闻读来让人触目惊心，只因为多了那么一点儿无端的猜疑之心，就酿成了一幕无法挽回的悲剧。

猜疑是一条横亘在人生路上的毒蛇，它会不时跑出来毒害你身边的人，也包括你自己。心里哪怕有一点的猜疑，也很可能蔓延成祸，让你失去最珍贵的东西。

前几年，由陈道明和蒋雯丽主演的话题剧《中国式离婚》曾掀起一波收视和讨论的热潮，该剧将猜疑对婚姻的伤害触目惊心地表现了出来。

女主人公李小枫，原本是一个理性且善良的知识分子，和丈夫宋建平感情也一直很好。宋建平是一位相当出色的外科医生，为人稳重，对家庭尽职尽责，也很爱自己的妻子。但自从李小枫下岗做了全职太太后，一切开始彻底的改变。做了全职太太的李小枫把家庭看作生活的唯一，整天担心的就是家庭会出现危机，她老是怀疑丈夫会被别的女人勾引，对别的女人动心，为此捕风捉影，并掀起一场婚姻生活的狂风暴雨：打丈夫手机，关机，她就疑心丈夫是跟哪个女人在一起。其实宋建平是因为要做手术才关的机；之后她又偷偷的查丈夫的手机短信，别人跟宋建平开玩笑的信息让她看到了，她就认定是宋建平的情人发的，不依不饶的要其如实交代……

结果，宋建平的生活和工作都搞的一塌糊涂，甚至差点丢了命。他实在无法忍受妻子的这种猜疑，万念俱灰之下，提出去新疆支边。一个原本好好的家庭就这样破裂了。

明显的，猜疑和不信任、以及自我的丧失是这段婚姻结束的根本原因。

那么，猜疑这种危害性极大的心理是如何产生的呢？又该如何克服呢？

作为一种复杂的社会心理，猜疑产生的原因是多方面的。

首先是与一个人的人格特征有关。有的人因为其成长经历的灰暗，缺乏通达乐观的处世态度和坚强自信的健康心态，导致对人生、对社会也产生灰暗的看法，总是用自己的心理去揣度别人，所以对他人总是小心翼翼，充满了猜疑心理。

其次，一朝被蛇咬，十年怕井绳。有些人因为以前轻信别人，在交往中受过骗，蒙受了巨大的精神损失或者物质损失，结果就走向极端，只要有一点点的怀疑，就绝不再相信任何人。

再次，私欲心过强，正所谓“心私则生疑”，私欲越大，猜疑心理就越强烈。如果一个人凡事考虑的总是自己，总是患得患失，那么，他的行为就会有排他性，猜疑也就自然而然的产生了。

最后，与生存环境有关。很多人之所以喜好猜疑，是迫于自身生存环境的关系。如果一个人所处的环境里，充满了勾心斗角、你倾我轧，人际关系充满了对立和斗争。那么，时间一长，也难免被环境所同化。

针对以上这些原因，要克服猜疑的心理，可以尝试用下面的方法：

首先，要走出以自我或周围小圈子为中心的生活状态，面向外部世界，多去了解，多去关心社会和他人，让自己的胸怀更加开阔，眼界更加远大，以获得对人对事的正确认识和准确判断。少一点私欲，多一点豁达，那么猜疑之心就会相应的减轻乃至消失。

其次，增强自信心。尺有所短，寸有所长，每个人都有自己的长处和短处，不要总将目光定在自己的短处上。培养你的自信心，乐观积极的生活，相信自己会处理好人际关系，会给别人留下良好的印象。这样，猜疑就很难接近你。

再次，理性思考，用理智克制猜疑之心的产生。在你对别人产生怀疑之时，不要总朝着有利于猜疑的方向思考，而应问自己：为什么我要这样想？理由何在？如果怀疑是错误的，还有哪几种可能发生的情况？现实生活中，许多猜疑戳穿了其实很可笑，但在戳穿之前，由于猜疑者的头脑被封闭性思路所主宰，却会觉得他的猜疑顺理成章。此时，冷静思考显然是十分必要的。

最后，很重要的一点，要多进行一点儿沟通，解除猜疑之心。消除猜疑的最好办法就是多与对方进行面对面的真诚交流。这比任何旁敲侧击、迂回了解、道听途说都省事而见效。

世上本无事，庸人自扰之。踢开猜疑这条横亘在人生路上的毒蛇，只要自己胸怀坦荡，百川能容，那么，你的人生就不会被无谓的烦恼和痛苦所折磨，你就会拥有一份轻松快乐的心情，你的世界也就会天高云淡，风和日丽。

螃蟹心理与宋之问

多一点

一味地嫉妒他人不仅无济于事，还会影响自己的心情，甚至导致自己做出不理智的事来，只有理智地扬长避短才能挥洒属于自己的光彩。

你知道什么是螃蟹心理吗？你知道渔民们怎样抓螃蟹吗？把盒子的一面打开，开口冲着螃蟹，让它们爬进来，当盒子装满螃蟹后，将开口关上。盒子有底，但是没有盖子。本来螃蟹可以很容易地从盒子里爬出来跑掉，但是由于螃蟹有嫉妒心理，结果一只都不能跑掉。原来当一只螃蟹开始往上爬的时候，另一只螃蟹就把它挤了下来，最终谁也没有爬出去。大家不用想就知道它们的结局——它们都成了餐桌上的美味佳肴。

同样的道理，人一旦嫉妒起来就好像那些螃蟹一样。嫉妒的人以消极的人生观为基础，他们信奉你好我就不好的信条，所以这种心理常常给人际关系带来破坏性的影响。

来看这样一则诗坛典故：

唐朝的时候，诗人宋之问有一外甥叫刘希夷，这个年轻人很

有诗歌创作才华，是一个年轻有为的诗人。一天，刘希夷即兴赋得一首七律，题曰《代悲白头翁》，颇为得意，便到宋之问家中请其指点一二，宋之问欣然应允。当刘希夷诵到“古人无复洛阳东，今人还对落花风。年年岁岁花相似，岁岁年年人不同”时，宋之问情绪被带动了起来，连呼好诗，心中生起占有之心，忙问刘希夷，此诗有没有给他人看过，刘希夷告诉他自己是即兴写的，写完就赶到这儿了，还未曾与人看。宋之问便说：“贤甥啊，你这诗中‘年年岁岁花相似，岁岁年年人不同’二句，实在太招人喜爱了，如果不曾给他人看过，就让于舅舅我吧。”刘希夷当然不愿意，婉言拒道：“舅舅，这二句是我这首诗的诗眼，若去之，全诗韵味皆去，所以此事万万不可。”晚上，宋之问睡不着觉了，翻来覆去，脑子里想的都是这两句诗。嫉妒之心暗起，心中想到，此诗一面世，定是名扬天下，必传唱千古，一定要想办法据为己有。于是起了歹意，命手下人用土袋活活地压死了熟睡中的刘希夷。后来，真相大白，宋之问获罪，先被流放到千里之外的钦州，又被当时的皇上勒令自杀，是时，天下文人闻之无不拍手称快。著名诗人刘禹锡说：“宋之问实在该死，这是老天给他的报应！”

本来，宋之问在当时也算是比较有名的诗人，而且高官厚禄，即使不夺这两句诗，也会在文学史上占有一定的地位，可是，就因为那一点儿嫉妒之心，害人害己，实在是可耻、可叹、可悲。

嫉妒是人类最古老的原罪之一。不夸张地说，嫉妒心理几乎谁都会有那么一点儿。

你的一位同学获得奖学金，数目不扉，你是由衷地佩服一句：“你好棒!”还是在心里不服气地说：“嗨，不就奖学金嘛，有什么了不起，我看他啊，也就会死读书，高分低能……”

没有你漂亮，也没有你聪明的的好朋友，嫁了一位优秀的老公，就要随夫到国外定居。你是打心眼里替她高兴，还是在背后撇着嘴说:“就她那长相，就她那脑子，那男的肯定那里有毛病，才会选她……”

一位能力比你强的同事找你帮忙，你是竭尽所能助之，还是表面上委婉拒绝，内心里狠声道:“你不是比我强，老受表扬嘛，这次我就不帮你，看你能强到那里去!”

当你听道许久没有联系的老同学，现在已是某家大公司的老总，在社会上已是有头有脸的人物时，你又会怎样，是产生一种羞耻感，知耻而后勇，还是来一句:“就他，当年就不是什么好鸟，我看没准儿是发的不义之财……”

你的表现会是哪一种？如果是后一者，那不管你的想法对不对，你都已经是在嫉妒了。

嫉妒的起因是我们发现别人比我们做得更好一点儿，别人比我们拥有的更多一点儿。嫉妒有一定的推动力，但是它不能给我们正确的导航。它给我们指明一条道路，但是却让我们去妨碍和伤害别人。用拖别人后腿的方式来赢得胜利或者至少保持不输是非常愚蠢、非常不道德的做法。

嫉妒使我们的思想禁闭起来，没有一个开放的头脑，就不可能产生良好的吸收效果，结果是：除了怨恨，我们变得一无所有。嫉妒使我们放弃对自身利益的关注，别人的优势恰好映照出我们的不足，想要完成一个健康完善的自我的塑造，必须要懂得为自己加油。去拖别人的后腿只会使别人和我们一样差劲，而不会使我们获得进步。

嫉妒通常发生在自己最熟悉的圈子里的，我们普通老百姓不会去嫉妒国家首脑所拥有的特权、亿万富翁取得的财富，但我们

却不能容忍周围的人超越我们半步，故而这种心理会对我们造成切实的伤害。你只要发现别人进步比你快一点儿，运气比你好一点儿，你心中便酸溜溜地不舒服，说话也不自觉地尖刻起来，甚至还会做出一些小动作来，这样做的结果谁还会同你在一起？到头来只能伤害到自己。

那么，如何才能熄灭嫉妒的熊熊火焰呢？最关键的就是要多一点儿对客观事实的认知：承认事实，接受事实，然后在此基础上，力求改变。对自己说：人家所获得的，是凭自己的实力和努力得来的，以人为镜，可以知优缺，他的优秀让我看到了自己的缺陷，也看到了自己的努力方向。一味地嫉妒他人不仅无济于事，还会影响自己的心情，甚至导致自己做出不理智的事来，只有扬长避短才能挥洒属于自己的光彩。

事实上，凡是能够找到自己生存乐趣和生存价值的人，往往是不会嫉妒别人的，顶多只会有点儿羡慕之心。多一点儿羡慕不会有多大坏处，因为羡慕很难使你做出违背自己已有的生存乐趣和生存价值的行动。它只能使你对别人的生活或者别的什么东西产生一种向往，而不是一种欲望，更不会因此而产生嫉妒之心。

女人真正想要的是什么

多一点

有多少男人是站在女性的角度为女人想过：作为女人本身，她们真正想要的是什么？

生活中，常可以看到很多大男子主义者总想用自己的意志尽可能多的去影响甚至主宰女人的命运，按自己的喜好来安排女人的生活。他们以品评的语气告诉女人们该怎样才可以令男人们动心不已。作为掌握着媒体主导权力的男人们不断地向社会注入他们所喜爱的女性形象，导致女性将自己套在这种标准中。

于是，女人们从昨天的细腰、丰腴、小脚，到今日的美容、瘦身、处女膜修补；从原来的三从四德，到今日的野蛮女友或超女，女性美总在根据男人的口味不断变化。但是，有多少男人是站在女性的角度为女人想过：作为女人本身，她们真正想要的是什么？

来看这样一个故事：

那是在一次英语口语课上，我们的美国老师给大家留了一个家庭作业：学习一篇文章并思考文章的问题，下一堂课将用英语进行讨论。那只是老师为了我们练习说英语而提供的一篇文章，但由此引出了一些思考。我把那篇文章翻译成中文，大意是：

年轻的亚瑟国王被邻国的士兵抓获。邻国的君主被亚瑟的年轻和乐观所打动，没有杀他，并承诺只要亚瑟能回答一个非常难的问题，就还亚瑟自由。亚瑟有一年的时间来思考这个问题。如果一年的时间还不能给出答案，亚瑟就会被处死。

这个问题是：女人真正想要的是什么？

这个问题连最有见识的人都困惑难解，何况年轻的亚瑟，对于他这是一个无法回答的问题。但总比死亡要好得多，亚瑟接受了国王的命题——在一年的最后一天给他答案。

亚瑟回到自己的国家，开始向每个人征求答案：公主、妓女、牧师、智者、宫廷小丑，他问了所有的人，但没有人可以给他一个满意的回答。人们建议他去请教一个老女巫，只有她才能知道答案。但是人们警告他，女巫的收费非常高，她昂贵的收费在全国是出了名的。

一年的最后一天到了，亚瑟别无选择，只好去找女巫。女巫答应回答他的问题，但他必须首先接受她的交换条件：和亚瑟王最高贵的圆桌武士之一，他最亲近的朋友——加温结婚。亚瑟王惊骇极了，看看女巫：驼背，丑陋不堪，只有一个牙齿，身上发出臭水沟般难闻的气味，而且经常发出猥亵的声音。他从没有见过如此不和谐的怪物。他拒绝了，他不能强迫他的朋友娶这样的女人而让自己背负沉重的精神包袱。

加温知道这个消息后，对亚瑟说：“我同意和女巫结婚，没有比拯救亚瑟的生命和保存圆桌会议更重要的事了。”于是婚礼宣布了，女巫回答了亚瑟的问题：女人真正想要的是主宰自己的命运。

每个人都立即知道了女巫说出了一个伟大的真理，亚瑟的生命被解救了。

来看看加温和女巫的婚礼吧，这是怎样的婚礼呀！亚瑟王在无法解脱的极度痛苦中哭泣。加温一如既往的谦和，而女巫却在庆典上表现出她最坏的行为：她用手抓东西吃、打嗝、放屁、让所有的人感到恶心、不舒服。

新婚的夜晚来临了：加温依然坚强地面对可怕的夜晚，走进新房。是怎样的景象在等待着他呀！一个他从没见过的美丽的少女半躺在婚床上！加温惊呆了，问她到底是怎么回事。美女回答说，因为当她是个丑陋的女巫时加温对她非常好，于是她在白天呈现她可怕的一面，夜晚呈现她美少女的一面。

那么加温想要她在白天或夜晚的哪一面呢？

多么残酷的问题呀！加温开始思考他的困境：在白天向朋友们展现一个美丽的女人，而在夜晚，在他自己的屋子里，面对的是一个又老又丑如幽灵般的女巫呢，还是选择白天拥有一个丑陋的女巫妻子，但在晚上与一个美丽的女人共度良宵？

如果你是加温，会怎样选择呢？

第二天的口语课上，答案五花八门，归纳起来也就是两种：一种选择白天是女巫，夜晚是美女，理由是妻子是自己的，不必爱慕虚荣，苦乐自知就可以了；一种选择白天是美女，因为可以得到别人羡慕的目光，至于晚上，可以在外作乐，回到家里，漆黑的屋子，美丑都无所谓了。

老师听了所有同学的答案，没有说什么，只是问我们是否想知道加温的回答。大家说当然想。老师说：“加温没有做任何选择，只是对他的妻子说：‘既然女人最想要的是主宰自己的命运，那么就由你自己决定吧。’于是女巫选择白天夜晚都是美丽的女人。”

所有的人都沉默了——竟没有一个人做出加温的选择。

女人真正想要的是什么？加温给出答案无疑是明智的，文章的主题是说女人真正想要的是男人的尊重，而不是凭自己的喜好去安排她们的人生。这实在是至理名言。

如果她就是喜欢成为一个贤妻良母，待在家里相夫教子，乐于去做那些繁杂的家务事，请你尊重她，因为对于她而言，照顾你和孩子就是她最大的快乐和满足；如果她梦想干出一番事业，闯出一番天地，也请你尊重她，因为她的生活不只是有你和孩子，她也希望实现她的人生价值，得到社会的认可；如果她喜欢素面朝天，请尊重她的清纯自然；如果她喜欢浓妆艳抹，请尊重她的妩媚妖娆；如果她喜欢平淡的生活，请尊重她的质朴；如果她喜欢社交，请尊重她的好动。多给她一点儿爱心，多给她一点儿关怀，那么，作为男人，你一定会得到应有的回报。

同样的道理，不仅是女人，生活中，每一个有独立人格的人都想主宰自己的命运，虽然在现实中这是一件很难完全实现的事情。但我们必须做到尽可能的尊重别人的这种权力，不要以自己的喜好去安排别人的生活。

尊重别人的意愿，多替别人想一点儿，并不是一件很难的事，也不见得会给你带来什么损失。而当你尊重别人，理解别人时，往往得到的也会更多。就像故事中的加温一样。

第三章　生活的智慧明白点

一点智慧哲理提供一种新的生活意境。空乏的大道理讲得再好，也远不如明白点实用的生活智慧。

生活智慧对于我们追求成功有一种无形的帮助，能让你在繁忙劳累的奔波中，得到最充足的精神修养，并重新聚集追求成功的能量。本章所要告诉你的正是生活中的细节智慧。

对付“苍蝇”的办法

多一点

对于那些积极的，可以帮助我们成功的，或者是属于我们的责任的小事，当然要多加重视，不能掉以轻心；但对那些消极，无谓的，应该不屑一顾并迅速忘了的小事，最好一笑了之，别往在心里去。

在四大古典名著之一《西游记》中，主人翁孙悟空天不怕，地不怕，洪水猛兽难不了他，天兵天将拿不了他，妖魔鬼怪害不了他，就算是如来佛祖，在他眼里也算不得什么。但在被奉为后现代经典的《大话西游》里，这只最勇敢的猴子却对唐僧的唠叨厌烦至极，比听紧箍咒还头痛。

在一拳打倒了唐僧后。他说了这样一段经典台词：“哈哈哈哈哈！大家看到啦？这个家伙没事就长篇大论婆婆妈妈叽叽歪歪，就好像整天有一只苍蝇，嗡……对不起，不是一只，是一堆苍蝇围着你，嗡…嗡…嗡…嗡…飞到你的耳朵里面，救命啊！所以呢我就抓住苍蝇挤破它的肚皮把它的肠子扯出来再用它的肠子勒住他的脖子用力一拉，呵——整条舌头都伸出来啦！我再手起刀落，哗——整个世界清净了。现在大家明白，为什么我要杀他！”

关于这一段经典台词有多种不同的解读。在笔者看来，它正应了这样一句西方谚语：“我们可以躲开一头大象，却躲不开一只苍蝇。”七十二般变化，一根金箍棒在手，打遍天下难逢敌手的孙悟空却难以忍受唐僧的唠叨，而生活中，使我们头痛，使我们不快乐的通常也不是那些影响人生的大事件，而是一些芝麻绿豆般大的、琐屑不堪的小事。强大的敌人和巨大的压力会使我们集中精神、全力以赴，可细小的侵蚀和烦扰却往往在疏于防范之间打乱我们的生活节奏，破坏我们的心情。

畅销书《虚掩的门——小故事中的大智慧》里有这样一个小故事：

二战快结束时，有个叫罗勃·摩尔的小伙子正在海军服役。他讲述了亲身经历的一件事。

“1945年3月，我在中南半岛附近276英尺的海下，学习到了人生最重要的一课。当时我正在一艘潜水艇上，我们从雷达上发现了一支日本舰队——一艘驱逐护航舰、一艘油轮和一艘布雷舰——朝我们这边开过来。我们发射了五枚鱼雷，都没有击中。突然那艘布雷舰直朝我们开来(一架日本飞机把我们的位置用无线电通知了它)。我们潜到150英尺深的地方，以免被它侦察到，同时做好应付深水炸弹的准备，还关闭了冷却系统和所有的发电机。

“三分钟后，天崩地裂。六枚深水炸弹在四周炸开，把我们直压海底——276英尺的地方。深水炸弹不停地投下，整整15个小时，有十几个二十个就在离我们50英尺左右的地方爆炸——要是深水炸弹距离潜水艇小于17英尺的话，潜艇就会炸出洞来。

“当时，我们奉命静静地躺在自己的床上，保持镇定。我吓得几乎无法呼吸，不停地对自己说：‘这下可死定了’。潜水艇的温度几乎有摄氏40度，可我却怕得全身发冷，一阵阵冒冷汗。15个小时后，攻击停止了，显然那艘布雷舰用光了所有的炸弹而离开了。

“这15个小时，在我感觉好像有1500万年，我过去的生活一一在眼前出现，我记起了做过的所有坏事和曾经担心过的一些很无聊的小事。我曾经担心过：没有钱买自己的房子，没有钱买车，没有钱给妻子买衣服。下班回家，常常和妻子为一点芝麻小事而争吵。我还为我额头上的一个小疤——一次车祸留下的伤痕发过愁。

“所有这些年来的愁苦烦恼，在此时此刻都显得那么荒谬、渺小，而我过去居然对它们很在意。”

诚然，我们不可能像主人公那样去海底体验这15个小时，但有没有可能不再为额头上的伤疤而烦恼呢？对照现实，恐怕很多人难以给出肯定的答案。人活在这世上也就短短几十年，却为一些隔天就会忘了的小事浪费大量时间，这实在是人生的一大遗憾。

可悲的是，生活中，大多数人难以从这种小事的烦扰中解脱出来，反而是深陷其中。

《大话西游》里孙悟空的结局就是这样，对此，虽然有不同的解读，但在许多人看来却是一种无奈的屈服。当大圣告别自己那逐渐消逝的爱情，走上西天之路时，伴着卢冠廷的那首凄凉的歌曲《一生所爱》，全片散发出一种渗入骨子里的悲凉，让人有一种特别想哭的感觉。当然，这种悲凉与我们所说的主题并没有直接的联系，但孙悟空的屈服，无疑是包含着一种对生活的屈服，这其中自然包括着那令人难以忍受的“嗡嗡声”（虽然此时唐僧说话已简单了许多）。

回到现实，现在的社会，人们毕竟提倡的是“细节决定成败”、“小事成就大事”，我们也无意去鼓励大家都不在乎小事，对其都抱以无所谓的态度。只不过小事也分积极和消极，对于那些积极的，可以帮助我们成功的，或者是属于我们的责任的小事，当然要多加重视，不能掉以轻心；但对那些消极、无谓的，应该不屑一顾并迅速忘了的小事，最好一笑了之，别往心里去。

凡事都要看开一点儿，多一点儿该有的平和与淡然，生命宝贵而又短暂，千万别再为那些消极而无谓的小事烦恼了。

“放轻松，放轻松”

责任和轻松显然是对立的，多承担一点儿责任无疑会让人多一点儿疲劳，少一点儿责任你就会轻松许多，但这绝对不是我们所提倡的、所力求的。在承担责任的同时又可以让疲劳的心得以放松的方法，就是把责任当做享受。

赖声川的《暗恋桃花源》去年被引入内地，引起一片叫好声，我们的这个命题便是这部剧中的一段经典台词。

《暗恋桃花源》讲的是三个故事：剧场上，《暗恋》排演的是一出爱情剧，江滨柳和云之凡在大上海互相暗恋却又失散，最后江在弥留之际又重逢云。《桃花源》中老陶因老婆的偷情，对现实郁郁而愤，转而去寻找传说中的桃花源，在那里看到酷似发妻春花和袁老板的白衣夫妻，捕着受伤的蝴蝶，让老陶要“放轻松，放轻松”，时间快乐地过去了，老陶已经和白衣夫妻一起轻松捕蝶度日，开始觉得自己的生活非常幸福。但几年之后，当他返回故里之时，却看到了爱情在残酷的现实中的崩溃！第三个则是一个疯女人对

“刘子骥”——这个在桃花源故事后再次寻觅桃花源的人物的呼喊。

《暗恋桃花源》中的经典台词很多，而“放轻松，放轻松”却是让笔者感触最多的一句。记得当时先是感到特别好玩，特别搞笑。之后却多了几分沉思。

想想如今人们生活的处境，尤其是都市人群，实在是需要多一点轻松的心态。

曾听过一首叫做《放轻松》的歌，歌词着实写得不错：

世界每天都在加速度
竞争压力也变得很残酷
每个生存在这个星球的生物
似乎都难避免有时被欺负
……
轻轻松松放轻松
让世界随着心转动
轻轻松松放轻松
我要看到你灿烂笑容
轻轻松松放轻松
到处都有你的感动
轻轻松松放轻松
明天的你一定会很成功
……

生活在繁华喧嚣的大都市里，竞争日益残酷，压力也越来越大，大多数人过着弹簧般的日子，有多少人是轻松的过着日子呢？

其实，使自己轻松的过活并不难，少一点儿对欲望的追求而多留给自己一点儿生活的空间，我们就能使自己放轻松。桃花源里的男女何以过的那么轻松惬意，就是因为他们没有太多的欲望。

来看这样一则可以抚慰心灵的小故事：

一个觉得生活很累、很沉重的人，到智者那里去寻求解脱之法。

智者给他一个篓子背在背上，带他来到一个五彩缤纷的世界，并微笑着告诉他："年轻人，喜欢什么就放到篓子里，看看你有什么感觉。"

在这个世界里他喜欢的东西太多了，所以不多一会儿他就装了满满一大篓。智者问他有什么感觉，他说："觉得越来越沉重。"智者说，"这是因为我们来到这个世界上捡我们喜欢的东西，越捡越多，所以才有了越走越累的感觉。"

很多人终日奔波，终生劳累不堪，就是在不断地往自己的篓子里放东西。得了金钱，又要美女；得了豪宅，又要名车；得了地位还要名声；有了尊严，还要崇敬，将心灵占得满满的，焉有不累之理？

上面说的是名利之累，这种累最为害人，虽然说少一点儿对欲望的追求，多留给自己一点儿生活的空间，就可以从其中解脱。但毕竟"天下熙熙，皆为利来；天下攘攘，皆为利往"。要人们在这上面少一点儿，不是每个人都能做到的，最主要的还是靠个人自己的修养。生活中更多的是现实之累，我们把重点放在这里。

生活在现代的大都市里，尤其是随着社会竞争的加剧和生活节奏的飞速提高，使得我们不得不适应这一大的趋势。白天，我们得面对堆积如山的工作；晚上，还有繁杂的家庭事务。即使我们对工作有着强烈的兴趣，也能忍受家务事的烦扰，但也难免要疲劳。如何应对呢？其实只要多掌握一点儿小窍门和方法，就可以在不影响工作的同时，很好的放松自己。

下面就是一些可以在工作中放松自己的好方法。多试试，一定会让你受益非浅。

给自己定出一些工作计划，让工作更有条理。这样做看上去似乎是在委屈自己，其实大家都明白：眼前的这种严格自律，一旦成为习惯，你的工作就一定会轻松许多。

幽默。在遇到难题时调侃一下自我；在工作间歇，和同事开一些无伤大雅的玩笑，是自我减压，摆脱紧张情绪的有效方法。

喝茶。喝茶具有松弛神经的作用，喝一杯花茶或者红茶，能引起精神上舒畅和愉快的感觉，在使人情绪稳定的同时还能使注意力更加集中，使工作更有效率。

事实上，工作时，放松的时间和空间不多，最重要的还是8小时以外。以下的休闲方式被证明是极有益于放松身心的，大家不妨一试。

散步。美国心理学家研究证明，短短几分钟的散步就有明显的消除紧张的效果。不妨每天抽出半个小时，找个公园或街心花园漫步。当你放慢了平时紧张的脚步时，你会突然发现原来周围的景色如此美丽，你的心也会随之安静下来。

体育运动。参与体育运动无疑是一个很好的减压办法。无论激烈的奔跑，或者在水中畅游，或者挥拍激战时，肌肉是紧张的，神经却是放松的，大汗淋漓过后，你会得到彻底的放松。

听音乐。音乐不仅是人类通用的语言，也是很好的心理医生，现在已经有了专门的音乐门诊，用音乐来治疗心灵的创伤。

浸浴。许多人都喜欢在临睡之前泡个热水澡，放松放松紧张了一天的身体，这确实是个好方法。静静地躺在水中，让这种放松的感觉慢慢地流淌到手臂、肩膀直至全身。水温宜在37℃左右，时间在15分钟左右，你还可以尝试一下中草药浴等洗浴手段。

寻找自然美景。周末或者假期，可以与家人和朋友到郊外或风景区去欣赏大自然的鬼斧神工。尤其是森林茂密的地区，负氧离子比城里多好几倍，是天然的氧吧，到大自然中呼吸新鲜的氧气效果比城里的“氧吧”效果更好。

写日记。写日记是一个很好的发泄渠道。当你有了什么心事，又不便对他人提起，或者有什么委屈和愤恨，都可以用笔记下来。现在似乎写日记的人越来越少了，其实在写的过程中，你会感到情绪渐渐稳定下来，心灵也会平静许多。

放慢速度。把生活中的速度放慢，吃饭的时候细细品味，开车的时候不要为堵车烦心，放下手中的工作喝一杯茶或咖啡，让自己定定神。整个节奏放慢下来，心情也就会舒缓一些。

放弃酒精。有许多男士喜欢下了班去酒吧喝酒。如果你是为了享受那种轻松的氛围倒也无妨，但是绝不可以用酒精来麻醉自己的神经，寻求暂时的解脱。酒醒之后你就会明白，酒精只会让你更紧张。

当然，主张“放轻松”，就无法回避责任问题。责任对我们来说太重要了，为了让自己轻松，我们可以减少对名利的追逐与攫取，可以避免与别人争长道短，可以将所有的压力打击视作无物，却无法为了轻松而淡化责任。我们可以不以物喜，不以物悲，但却不可以对于自己的责任无动于衷。

责任和轻松显然是对立的，多承担一点儿责任无疑会让人多一点儿疲劳，少一点儿责任你就会轻松许多，但这绝对不是我们所提倡的、所力求的。在承担责任的同时又可以让疲劳的心得以放松的方法，就是把责任当做享受。

把责任当享受，其实并不难，只要保持积极的心态，就能在承担责任时产生轻松的心情和无穷的力量，就能深深感到责任是可以用来享受，并以此形成良性循环。

把责任当享受，还需要正确的生活态度。责任对于任何人来说都是不可避免的，它不会因为给你带来了压力和疲倦，就自动消失，除非你放弃。我们并不要求每一个人都尽可能多一点的主动去承担责任，但对于属于自己的责任，作为一个合格的人，是决不能放弃的，哪怕只是一点点。你可以做的就是把它当成一种机遇、一种挑战、一种享受。

成功的“绊脚石”

多一点

公道自在人心，品格、道德是公众衡量一个人的永久标准。一个立身严谨、道德高尚的人即使不能成就非凡事业，也不至于完全失败，因为大家会信任他、帮助他；相反一个人格堕落、道德水平低下的人，即使有很好的能力，有聪明的头脑，能取得一时的胜利，但却不会成就大事业，赢得人们长久的敬意。

现代社会，竞争异常残酷激烈，在一些人看来，正直、善良等良好的品格已经成为成功的绊脚石，要成功就不能有妇人之仁，就得不择手段。事实上，这种看法是极其错误的，失去了良好的品格，你或许会在物质上取得暂时的成功，但在精神上，你永远是个失败者。

散文家李雪峰讲过这样一个故事：

美术大师要选一个年轻人做他丹青事业的关门徒弟，前来考试的人很多，经过几轮严格的淘汰赛，只剩下两个年轻的画家：

一个是从美院刚刚毕业的，他的作品已多次参加各种画展，并且获得了不少的奖项，实力确实不俗。另一个年轻人则是刚从乡村来的，他酷爱绘画，画出了不少上乘之作，自学成才，备受画坛称道。

大师说："你们两位的作品我都看了，难分伯仲，各有千秋。现在我只有看你们各自的美术天赋了。"大师让他们俩各自为对方画一张白描画像，两个年轻人听了，立刻支好画板，迅速观察对方画起来。乡村来的这个年轻画家想：画人，一定要抓住一个人美的形态，把一个人的美和心神的美完美地结合起来，使被画的对象更美。于是，他就不停地观察对方所具有的美的特质，一笔一画地谨慎给对方画像，对方的额头较窄，他就把它画饱满些；对方的眼睛较小，他尽可能把它画大些，使它更具熠熠神采。

而从美院刚毕业的这位年轻画家就不同了，他暗暗思索：对方现在是我唯一的竞争对手，把他画得太美，无疑将对自己不利，不如略微把他画得丑一些，这样对于向来喜欢洁净、纯美的大师来说，自己就不知不觉中多了一分胜算。于是，他就着意渲染对方脸盘的粗糙，着意渲染对方脸上那个不太明显的痦子。

两个年轻人都很快画好了，应该说，这两幅作品都是他们的得意之作。他们把各自的作品交给大师，心怦怦地跳着等待大师的评判。大师拿起两幅画又再三瞧了瞧这两个实力都着实不俗的年轻人，最后大师对从美院刚刚毕业的那个年轻人说："很遗憾我们两个没有师生的缘分。"这个年轻的画家很不解，问大师为什么这么快就做出了选择，大师叹了一口气说："从事美术创作需要一种天赋，那就是从平凡中发现美、渲染美，不管他是你的敌人还是你的竞争对手，你都要观察和着意表达他的美，不能因为其他的因素而掩盖对方的美。画出你的对手美，画出你的敌人美，这才是一个人能成为杰出画家所必需的天赋和胸怀，这样的画家才会有前途，才具有成为画坛大师的天赋。”这个年轻人明白了，惭愧地背起自己的画板低着头走了。

或许有些人会以为，这位大师太过吹毛求疵。在他们看来，私生活不检点也好，工作、事业上用一些阴谋诡计也好，不诚实守信欺骗他人也好……这些好像都只是道德领域中的小事情，又不犯法，又不影响工作，有时候还能更容易地达到目的，有什么关系呢？

绝对有关系。公道自在人心，品格、道德是公众衡量一个人的永久标准。一个立身严谨、道德高尚的人即使不能成就非凡事业，也不至于完全失败，因为大家会信任他、帮助他；相反一个人格堕落、道德水平低下的人，即使有很好的能力，有聪明的头脑，能取得一时的胜利，但却不会成就大事业，赢得人们长久的敬意。

可以这么说，品格道德也许不是一个人的直接生产力，但却是无形资产和财富；也许不是成功的充分条件，但却是必要条件。

生活中我们经常看到上述两类人：一种人大家都乐于与之交往合作，无论他眼下是春风得意还是仍在苦苦奋斗，因为他们身上具备大家所认同的一些美德。同他们在一起，我们自然会多一点安全感，不用担心受到伤害和欺骗。这样的人，是最受大家欢迎的。

还有一类人，占尽了小便宜、小利益，耍了很多小聪明、小手腕，也许已然聚敛了钱财或攫取了权势，但大家提起他们来，却多有非议，也不敢轻易与之交往合作。因为与他们在一起睡觉都得睁只眼，谁知道他们会干些什么出来呢？大家的道德准则对他们不适用，他们有自己独特的“道德游戏规则”，为了自身的利益，他们不在乎别的。

恶人自有恶人磨。善良的人往往斗不过一些不顾道义的小人，因为他们无所不用其极，但终究他们会遭到惩罚的，一则是碰到更厉害的对手：小流氓碰上大流氓；二则是受到正义力量的制裁，因为在这条道上越走越远，终究会碰上法律准绳。

在人的一生中，道德品格都会起作用，要么是你的宝库，要么是你前行的绊脚石，关键就在于你的道德品格上，是善良多一点，还是邪恶多一点。试想，如果你在二三十岁就被人贴上一个邪恶、不道德的标签，以后人生的路怎么走呀？

什么时候你最幸福？

多一点

别把幸福的重心放在已经消逝的过去和遥不可及的未来上，多留心一点儿身边的事物，把握现时现刻的幸福，那么，你的生命将无比美好。

什么时候你最幸福？

某主流媒体曾就此做过一个大型的问卷调查。对此，人们给出了不同的答案：

有的人说，得到爱情的那一刻最幸福。

有的人说，在最饿的时候，吃到了最爱吃的东西那一刻最幸福。

有的人说，寂寞的时候，遇见知心的朋友是最幸福的。

有的人说，为自己的目标而奋斗，成功的那一瞬间最幸福。

……

当然，也有人说，住豪华别墅，穿名牌时装，吃山珍海味，中了五百万……的时候最幸福。

这些答案，对于回答者自身来说，无疑都是正确的(我们在这里无意驳斥拥有金钱就是幸福的观点，大道理讲的再好，也抵不过现实)。但问题在于这个问题的提出是基于这样一个事实：大多数人认为自己现在的生活是不幸福的。大多数人的幸福，不是属于过去，就是属于未来。

你现在幸福吗？

如果提出这样一个问题，做一个全民性的调查，有多少人能给出肯定的答案。

笔者就此问过好多朋友，答案惊人的相似，对现在的生活，他们竟然大多都是满含抱怨的。没有爱情的抱怨真情的缺失，有了爱情的抱怨没有钱，有钱的抱怨没有安全感，有安全感的又抱怨生活缺乏刺激和挑战……

拥有现时现刻幸福真的那么困难吗？

答案是并非如此。

曾经看到过这样一个意义深刻的寓言故事：

一个20出头儿的年轻小伙子急匆匆地走在路上，对路边的景色与过往行人全然不顾。一个人拦住了他，问：

“小伙子，你为何行色匆匆啊？”

小伙子头也不回，飞快地向前跑着，只泛泛地甩了一句：“别拦我，我在寻求幸福。”

转眼20年过去了，小伙子已变成了中年人，他依然在路上疾驰。

又一个人拦住他：“喂，伙计，你在忙什么呀？”

“别拦我，我在寻求幸福。”

又是20年过去了，这个中年人已成了一个面色憔悴，老眼昏花的老头，他还在路上挣扎着向前挪。

一个人拦住他：“老头子，还在寻找你的幸福吗？”

“是啊。”

当老头回答完别人的问话，猛地一惊醒，一行眼泪掉了下来。原来刚问他问题的那个人，就是幸福之神啊，他寻找了一辈子，可幸福之神实际上就在他旁边。

是啊，何必给自己不断制造那些虚无缥缈的终极目标，只要你的目光多留意一点儿身边的事物，你就会发现，其实幸福一直都陪伴在你的身边。

梭罗有一句名言：“如果没有出生在世，我就无法听到踩在脚底的雪发出的吱吱声，无法闻到木材燃烧的香味，也无法看到人们眼中爱的光芒，更不可能享受到因为自己的奋斗而带来的成功的快乐……能活在世间是一件多么幸运的事，我为什么不尽情地享受生活的每一天？”

“得不到的永远是最好的”，这是我们通常的想法。却也是让我们无法把握现时现刻的幸福的主要原因。一位心理学家就曾指出：“最普遍的和最具破坏性的倾向之一就是集中精力于我们所想要的，而不是我们所拥有的。”

生活中，很多人不去珍惜已经拥有的东西，却总在抱怨自己还没有得到什么，苦恼地说着自己不幸福。我们应该改变这种思考的重心，从关注自己所想要的转到自己所拥有的。当然，这并不是说我们就要无所作为，一无所求，而是说要享受生命的每一刻，过去和未来固然美好，但我们毕竟是生活在现在。在现实生活中，我们常认为这样或那样才是幸福，但往往事与愿违，使我们愤愤不平。我们必须相信，目前我们所拥有的，不管是逆境还是顺境，都是对我们最好的安排。若能如此，我们才能在顺境中心怀感恩，在逆境中依旧心存喜悦。这样，我们的生活也就会时刻充满幸福感。

曾在韩国创造收视奇迹，也曾在国内掀起一股“没女”（泛指没相貌、没学历、没家世……的女人）热潮的韩国励志偶像剧《我的名字叫金三顺》在结束时，主人公金三顺说了这么一段话：“现在我们依然相爱，不时吵架然后和好，又哭又笑地谈恋爱，偶尔也会想到我们可能分手，恋爱就是这样，但是也并不可怕。现在我该做的事情，我明白了，就是努力做蛋糕、努力谈恋爱，就像每天都是末日一样，就像从不曾受过伤害一样，就像我现在更爱自己叫三顺一样。”

像三顺对待爱情一样对待幸福，别把幸福的重心放在已经消逝的过去和遥不可及的未来上，多留心一点儿身边的事物，把握现时现刻的幸福，那么，你的生命将无比美好。

什么时候最幸福？

我生命的每一刻都是最幸福的，但愿你能如此回答！

驳“读书无用论”

多一点

“就业难”和“读书贵”只是当今市场经济体制催化下的客观现象，不能以此否定读书的价值，更不能因为少读书甚至不读书的人比多读书的饱学之士更富有、更有社会地位，就认为读书无用。

2006年，中文网络里有人发了一个名叫《我是博士生》的帖子：

我是博士生，我深知学习的重要性。通过这么多年的学习，我已成功地使自已由一个农家子弟变成了处级干部。现在不但有专车接我上下班，而且还住着一百多平方的房子，月收入达到了三千多块，还娶了一个漂亮的太太，我过上了幸福的生活。我感谢生活……

结果，有了以下的回贴：

A回贴如下：

我是硕士生，我深知知识的重要，于是我选择了学医。现在是某眼科医院的主治医生。月收入万元有余，我不但买了房，还轻松地买了车。医院最漂亮的护士MM，天天要求我和她结婚。说实话，这婚有什么好结的，在一起睡不就得了。

B回贴如下：

我是本科生。现在一房地产公司搞策划，去年分红才十几万。真是一年不如一年，前年还分到二十多万，今年就成了这样……

C回贴如下：

我是大专生，经过多年的努力，终于当上了公司的财务经理。也不知为什么，老总对我总是那么好，不但月月给我六位数的工资，而且还送了一套房子和一辆汽车给我，银行里的钱够我好好过完这辈子了……对了，我们是上市公司。

D回贴如下：

我是中专生，唉！也就算个高中文凭。找不到好的工作于是就做了报关员。我充分启动了我的大脑，也有房有车了，与你不同的是，这些都是我自己买的。想想挺不容易，我儿子上美国留学的钱，我都替他存够了。下一步计划，就是找谁替我生个儿子……

E回贴如下：

你们吵什么吵呀？我没什么文化，初中都没毕业，找不到好工作，只好天天在家打麻将。由于没有文化，算牌老是不准，今年输了一百多万。对了，你们要是有兴趣，有空儿一起打牌呀。我家住深圳某某村的，我爸是村长，我的电话是……

这个帖子在2006年的中文网络曾流行一时，各种版本层出不穷。虽有恶搞的成分，却暗藏着学历高的不如学历低的，读的多不如读的少的读书无用论的思想。

事实上，读书无用论的思想在中国不止一次的出现过。

文革后期，当时一个叫张铁生的青年交白卷反而上了大学，从而一举成名，也掀起读书无用论的高潮。那时青年人中流行的口号是“我是中国人，何必学外语。不学ABC，照样干革命”，他们热衷的是革文化的命。知识分子是“臭老九”，成为批斗的对象。以大老粗为时尚，越穷越光荣。

20世纪90年代初期，读书无用论的思想再次出现，当时人们有这样的口头禅：拿手术刀的不如拿剃头刀的，造原子弹的不如卖茶叶蛋的。也曾有教授摆煎饼摊，博士擦皮鞋的新闻出现。“下海”是当时最火暴的词眼。

最近几年，“读书无用论”的思想又逐渐抬头。首先从农村出现，并且呈现出蔓延之势，再加上网络上一些在现实中生活的不甚如意的读书人也开始感慨读书无用，使得这种思想逐渐渗透到很多人尤其是年轻人的脑子里。更严重的是，这一波儿“读书无用论”同样在向城市的社会底层冲击，像“妈妈逼女儿休学参加红楼梦选秀，自称演丫环都值”和“12岁男孩当婚礼主持人，母亲说只要有丰厚的收入学习怎么样不重要”的新闻屡屡见报，就是最好的证明。

读书有没有用？这显然是一个伪问题，读书当然有用！读书在丰富知识、提高修养、增加认知度和幸福感方面的价值更是用金钱无法衡量的。古往今来，伟大杰出者有几个是没有读过书的？“知识改变命运”是亘古不变的真理。但今天的一些人因何断言“读书无用”？

原因就在于长期以来，中国老百姓心中都有一个根深蒂固的观念，那就是书中自有黄金屋，书中自有颜如玉，学而优则仕，读书就能成为人上人，比别人多读一点儿书，就多出息一点儿。他们惯性地认为，考上大学就等于中了举，就可以做官，就可以赚大钱，就可以过上好日子。但是现实却是，大学生越来越多，竞争越来越激烈，大学毕业后无法找到满意的工作，甚至找不到工作已经不是个别现象。

在教育上的投资无法在短时间内见效，命运也无法在短期内改变，再和身边的人比比，有时会发现和自己年龄差不多，一些当年因为没考上或别的原因而混社会的人，在名利财富上，都要比自己强，因此觉得读书无用。

另外，现在的读书费用是以前的几十倍，许多家庭为了供子女读高中、上大学付出很多，家境好些的还能支撑，但那些农村和贫困地区的家庭，则将孩子读书当作了一年最大的开支，为此而负债累累的人不在少数。而这样的投入却得不到理想的回报，事实与预想之间产生了极大的偏差，于是就产生“读书无用”的论断。

但是我们应该认识到，“就业难”和“读书贵”只是当今市场经济体制催化下的客观现象，不能以此否定读书的价值，更不能因为少读书甚至不读书的人比多读书的饱学之士更富有、更有社会地位，就认为读书无用。

不可否认，在目前的中国社会，从读书的数量上来说，读书多一点儿的人大多在给人打工，一般当老板的却并非饱读诗书之辈。为什么会这样呢？原因有二：其一，实践出真知，老板们虽然读书少了一点儿，但在社会大课堂上学得了更“实用”的知识；其二，成功与读书多少有关系，但这种关系并不在于数量，而在于质量，读再多的书，如果不能消化，不能将书中的知识用于实践，那也是不能成功的。

虽然书读得好不一定就能有一个美好的未来。但读书的价值并不仅仅体现在财富、名利意义上，仅就生活的质量而言，受到良好教育的人，其处世态度、做人修养、思维能力、价值观念等一般都要比常人高一点儿，即使，从功利的角度讲，这些人一旦发力，其发展前途也要比那些没读过书的人容易一点儿。

都是“格调”惹的祸

多一点

格调与品味是由内向外而不是由外向内的，许多人在盲目追求所谓上等人的格调品味之时，反而容易丧失了自己。

“韩流”曾经席卷亚洲，尤以韩剧最为火暴，《大长今》、《人鱼小姐》、《看了又看》都曾掀起收视热潮。韩国偶像剧也在国内年轻人中掀起了“哈韩”风，而贯穿于这一类韩剧的一个核心就是“灰姑娘情结”，从韩流发轫之作的《星梦奇缘》开始，到前两年异常火暴的《我的名字叫金三顺》、《浪漫满屋》、《巴黎恋人》、《宫》、《豪杰春香》……无不是如此。灰姑娘遭遇白马王子，既是最华丽的爱情故事，也是最古老的励志童话。可惜许多年轻人只是将目光放在了前者。

韩剧中的“灰姑娘”何以能最终得到“白马王子”的爱情，有一个很重要的原因就是在进入白马王子的生活后，还依旧能保持自己灰姑娘的本色，而不是去盲目适应所谓上流社会的品位与格调，这一点往往最能打动男主人公，也是韩剧中很有励志意义的一点。它教会我们要保持本色，保持自己的本色多一点，追求虚荣的格调少一点。这不只是一种朴素的生活观念，更是自信的一种体现，这样也才能活出自己的精彩。盲目的去适应别人格调。只能使自己显得不伦不类。

何谓格调？

法国后现代大师罗兰·巴特是这样解读的：“有点钱，不要太多；有点权力，也不要太多；但要有大量的闲暇。可以读书、写作，和朋友交往，喝酒、听音乐、旅游。”

这种解读可谓经典！

“有点钱，不要太多”——钱太少了，生活难免会不如意，底气也不够足，正所谓人穷志短；钱太多了，则要费心思让它保值，还要多加几分小心，谨防被不安好心的人盯上，实在不划算。

“有点权力，也不要太多”——有点权力可以证明自身的价值，也能满足点小小的虚荣心；权力不要太多则可以避免心灵的迷失。

“但要有大量的闲暇”——我们不否认工作的重要性，但对于常人来说，生活的乐趣主要还是在闲暇时间，多一点儿闲暇的时间，就会多一点儿生活的乐趣。

“可以读书、写作”——多读一点儿书，多写一点儿东西，比如日记、游记之类。可以追寻人生的真谛、触摸心灵的真实。

“和朋友交往”——多留一点儿时间与朋友共处，孤独的人是可耻的。

“喝酒、听音乐、旅游”——酒当然不要喝太多，小饮可以怡情；音乐是平静心灵的最好药剂；旅游，追寻的是一种“在路上”的感觉，能让你对生命充满热爱，保持一颗年轻的心。

事实上，人们如果对格调或者品位都是持这样的看法，那是没有什么大问题的。可惜大多数人并不是这样看的，他们所追捧的所谓格调与品位是西方富人阶层的生活方式，穿阿玛尼、范思哲或者Boss，喝红酒，开林肯、宝马，戴劳力士手表，给情人送昂贵的夏奈尔5号。这样的格调与品位就值得反思了。

事实上，格调与品味是由内向外而不是由外向内的，许多人在盲目追求所谓上等人的格调品味之时，反而容易丧失了自己。

来看这样一个故事：

有一个品位极高的绅士去北极，衣服带得很少，一个好心的爱斯基摩人给他一张熊皮，他问人家：“这皮衣是谁设计的？阿玛尼？范思哲？还是Boss？”爱斯基摩人说：“阿卡达，阿卡达。”阿卡达就是“不是”的意思，他摇摇头，说：“Boss以下我从来不穿，拿走拿走！”爱斯基摩人羞愧地走了。他顶着寒风继续往前走，眉毛都冻弯了，一个好心的探险家给他披上一件羽绒服，他一看商标：“XXX（一国内品牌）”，气得眼中喷火，说：“这种烂牌子的衣服，简直就是在侮辱我，拿走拿走！”探险家羞愧地走了。他顶着寒风继续往前走，嘴都冻歪了，一只好心的企鹅拉他到自己的家里烤火，他比划着问：“你有巴洛克风格的欧洲壁炉吗？”企鹅说没有，他昂着头说：“没品位的火炉不会让我温暖，走开走开！”企鹅红着脸走了。他顶着寒风继续往前走，走啊走啊，最后终于冻死了。

这个故事告诉我们一个道理：脱离了现实生活，盲目地去追求所谓的格调与品位，最终反而会丧失了自己。

我们有很多人常常去强求自己喜欢一些自己并不感兴趣的东西，使自己看起来更合群或者使自己看起来更有格调，更有品味。但是真正的格调或者品味，是装不出来的。没有一颗虔诚向往的心灵，就根本不可能到达真心崇拜的境界。如果自己不喜欢的东西，偏偏要去强求自己的内心，这不是找罪受吗？更重要的是，自己不喜欢的东西，也就不会费心去琢磨，也就不会费心去了解，所以充其量是装装门面而已，而且一旦被揭穿或丢丑，则会让自己陷入更尴尬的境地。

曾经，有一篇关于音乐欣赏的报道：讲的是北京先富起来的一些个体户和私营企业主，为了能够看起来更潇洒一点儿，有一些高雅的格调和品味，努力把自己装成是一个有知识的人物。北京音乐厅当时来了世界上最负盛名的男高音歌唱家帕瓦罗蒂，门票被抢购一空，据说大部分都是这些个先富起来的人物。可是怎么样？当一位装作是很有品位的个体户带着他的女友去看演出的时候，连一首歌都没有听完就躺在椅子上打起了呼噜。

法国思想家伏尔泰在谈到艺术趣味时说：“观众对任何看上去有品味的东西都很贪婪，蜂拥而至地追逐它们，但同样迅速地表现出厌倦。而模仿病也往往将艺术家推到迂回小道上去，他们脱离开先辈们得以细腻地掌握的大自然的美，而将力气花费到掩饰自己作品的缺陷的种种诡计上。”

“惟大英雄方本色，是真名士自风流。”其实，很多所谓的格调与品味都是有钱有闲阶层为了标榜自我而设计出来的。真正的格调与品位是来源于心灵的，有什么样的内心节奏，就决定了一个人对生活格调与品位的选择。

所以，对于我们普通人而言，千万不要用手揪着头发来提升自己的高度，盲目的去追求别人所谓的格调与品位，而是要尽可能多地去提高自身的修养和学识，那么，日积月累，到达一定境界后，你自然而然就拥有了自己独特的格调与品味，不用包装，不用做作，不用去迎合别人。

提醒别人与提醒自己

多一点

对于别人的缺点，我们身在局外，往往多了一点冷静的观察和思考，能给出一针见血的提醒。但对自己，我们身处局中，却往往少了这点冷静，自觉不自觉地忘记了提醒。

当局者迷，旁观者清。提醒别人时我们往往洞若观火，而当自己身处局中时，又有多少人能保持清醒的头脑？

有时候即使你清醒地意识到危险的存在，即使你对其有一份警觉之心。但随着别人重复次数的增多，你的潜意识就会对自己产生怀疑，把危险当成安全，而此时，危险就已经开始袭击你了。

有个老太太坐在马路边望着不远处的一堵高墙，总觉得它马上就会倒塌，见有人向那里走过去，她就善意地提醒道：“那堵墙要倒了，离远点吧。”被提醒的人不解地看着她，大模大样地顺着墙走过去了——那堵墙没有倒。老太太很生气：“怎么不听我的话呢？”又有人走来，老太太又予以劝告。

三天过去了，许多人在墙边走过去，并没有遇上危险。第四天，老太太感到有些奇怪，又有些失望，不由自主地走到墙根下仔细观看，然而就在此时，墙终于倒了，老太太被掩埋在灰尘砖石中，气绝身亡。

提醒别人时往往很容易、很清醒，但能做到时刻清醒地提醒自己却很难，所以说，许多危险来源于自身，老太太的悲哀便源于此。

当然，这个故事的真实性值得怀疑，很有可能是编故事的人为了阐明的自己道理而写的，但这个道理确实讲得很实在。

无独有偶，散文家胡继风也曾讲过一个类似的故事：

与同事老梁省城出差，办完公事后上街，出旅社不远，被一靓女拦住，靓女凤目含笑，声音甜软："先生，我们正在进行产品宣传，看看好吗？"

兰花指所向，一摊点沿街排开，众美女左顾右盼。

"看就看，有什么大不了的？"

见我们靠近，另一美女上前热情招呼："先生，这是我们公司最新箔金项链，不褪色，在大商场要卖二百多元呢……"

"鬼话，"我低声对老梁说，"在我们那座城市，像这种东西大街小巷到处都有，花10块钱就可以买一条裤带那么长的。"

小姐见此，话锋一转："但是，今天我们做产品宣传，一分钱不要，白送给二位。"

"天上不会掉馅饼。"我对老梁说。老梁不信，"不要白不要，拿了回家哄哄老婆。"

小姐迅速拿起一条金光闪闪的项链，包好后放进一只精致的丝绒包裹的小盒子里，老梁接过，喜上眉梢。

“项链的钱我们可以不要，但盒子我们就不能白送了，不过我们只收成本20元。”小姐依旧眉目含笑。

我看了老梁一眼，老梁一脸苦水，但木已成舟。

“花20块买一只小盒子，值！”我幸灾乐祸地说道。

然后我们走进一家很有名的大商场，商场正在搞促销，凡购物满200元，可以参加抽奖一次，中奖率百分之百，狠了狠心，我买了条248元的裤子，要知道，我可从未穿过这么贵的裤子。

一抽，果然中了，还是二等奖。小姐说：“到一楼化妆品柜台兑奖去。”

到一楼，小姐说：“按我们这次活动的规定，二等奖获得者可以半价购买我们价值1500元的进口香水……”

“妈呀！”眼前一黑……

再花两块钱，就成了二百五了。这下轮到老梁笑我了。

不同的故事，却阐明了同样的一个道理：提醒别人容易，提醒自己难。仔细的留意生活中所发生的事情，这种情况不在少数。

当我们提醒别人，谨防贪小便宜吃大亏时，自己却不经意间为小便宜所迷惑，吃了大亏；

当我们提醒别人，讲文明，懂礼貌，注意公德时，自己却随意将一口痰吐在了地上；

当我们提醒别人，莫等闲，白了少年头时，自己却肆意地浪费着大好年华；

当我们提醒别人，退一步海阔天空时，自己却凡事都要争个输赢；

当我们提醒别人，孝敬老人，常回家看看时，自己却“忙”得连打个电话给父母的时间也没有；

当我们……

这样的事情，在生活中实在是举不胜举。可见，对于别人的缺点，我们身在局外，往往多了一点冷静的观察和思考，能给出一针见血的提醒。但对自己的，我们身处局中，却往往少了这种冷静，自觉不自觉的忘记了提醒。

如何提醒自己？

要做到这一点，你需要多一点的自省精神，也就是说要经常反省自己的所作所为。通常来讲，自省能力较强的人都非常了解自己的优劣。遇事时，也往往能跳出自身的限制，冷静地观察和思考，像提醒别人那样提醒自己，能清醒地认识到自己所要做的是否正确。当然，前提是这种自省必须是直面自己的心灵，必须是坦率无私的，绝不能自欺欺人。

猪八戒的勇气

多一点

多一点表白的勇气，大胆地说出你的爱，向可爱的猪八戒学习，这样做，有可能失败，但也有可能成功。相反，如果少了这点儿勇气，将爱深藏心里不表白，那么你能得到的只会是无尽的痛苦与悔恨。

唐僧、孙悟空、猪八戒和沙和尚，如果你只能做这四个人中的一个，你会做哪个？

相信答案最多的肯定是孙悟空，最少的多半是猪八戒。

我们给这个问题再加一个条件，如果你喜欢上一位MM，想去追她，你会做哪个？

有没有人选猪八戒，如果有，那么恭喜你，你已经成功了一半。

这不是笔者毫无根据地乱说，事实上猪八戒是一个好男人、好丈夫、好情人，早已为N多人说过。

想想，的确是不无道理：

猪八戒不像唐僧那样冷冷清清，不像孙猴子那样不懂得怜香惜玉，不像沙僧那样呆板、没有情趣，虽然有点花心，但总是把

家庭放在第一位，在取经路上，一说散伙，就说“你回你的花果山，我回我的高老庄”，由此可见他是风流而不下流，多情而不滥情；猪八戒的确懒，但是有老婆在，却能变得非常勤快，在高老庄时，他一人干活能顶仨儿。由此，可见猪八戒的好。

不过，我们在这里重点要说的不是这些，而是要谈谈猪八戒的勇气，可能会有人问了，猪八戒有啥勇气，经常临阵脱逃的家伙，见事不对就捂着大耳朵，蜷缩在地上，谈何勇气？的确，从这点讲，猪八戒是毫无勇气可言的，可我们这里要说的是他在爱情上的勇气。

熟悉《西游记》的读者应该对猪八戒的一个特点很有印象，那就是勇于追求女性，不管自己与别人般不般配，一样大胆追求。他追嫦娥、追高小姐、追菩萨、追女儿国国主、追妖怪……凡是有感觉的他都能勇敢地表白，仔细想想，这可的确是现代社会最为可贵的一种男性品质啊！

现代社会，在性、同居、一夜情、二奶、婚外恋等词眼逐渐泛滥，引起人们警惕的同时，另一种现象也日益突显了出来，那就是大龄青年越来越多，很多人缺乏追求、表达爱情的勇气，将自己推入冷冷清清、凄凄惨惨的境地。

很多人在爱情到来时，虽然充满渴望，却因为缺乏足够的勇气而导致悲剧的诞生。

来看这样一则让人心痛不已的爱情故事：

有个男孩，在学校的新生联欢会上认识了一个女孩。女孩语笑嫣然，落落大方，男孩一见钟情，但却没有表白。因为男孩内心的羞怯，他想：“再等等吧，等一切成熟些，再向她说。”

一年多以后的一个夜晚，男孩终于鼓足勇气约女孩出来，并向她表达了心中的爱慕之意。没想到，平时口齿伶俐的女孩却结结巴巴地说："我……我想我不能接受……你的好意，一个星期以前……我已经……接受了另一个……男孩……我真的……不知道你……会喜欢我……"女孩说完就跑掉了，没有让男孩看到她湿润的眼睛。

后来，有人看到男孩同学校的"校花"经常出双入对，大家都以为他看中了"校花"的美貌，谁也没有注意，"校花"有着和女孩一样美丽的笑容，非常相似，所以谁都没有发现男孩的苦心。没过多久，男孩与"校花"的爱情就以分手告吹。

大学生活很快就结束了。毕业后不久，女孩披上了嫁衣成为别人的新娘，而男孩再也没有恋爱过。因为他清楚，只有这个女孩才是他今生唯一的至爱。

男孩从朋友那里辗转打听到女孩的生日和地址，每到女孩生日时，他就会叫人送去九朵郁金香（他不知道女孩最喜欢什么花，他自己最喜欢郁金香）。男孩知道女孩已为人妇，所以他从来不在卡片里留下姓名和联系号码，他不想因为自己的感情而影响女孩的生活。

几年时间转眼就过去了，男孩依然是形单影只，依然记得每年都送花给女孩。就在女孩生日的前两天，男孩参加了一个同学聚会，他听说女孩在这几年里经历了两次离婚，如今也是独身，心里是又痛惜又高兴？他为女孩不幸的感情遭遇而痛惜，又为自己再次有了机会而高兴……

终于等到了女孩的生日！男孩兴奋得难以名状！他想这次一定要亲自把花送去，再向她表白。为此，他几乎逛遍了所有的花店，最后挑选了最美丽、最鲜艳的郁金香。

当小姐把花包扎好的刹那，男孩在卡片里写下了几个字：你知道我在爱你吗?! 男孩英俊的脸上洒满了笑意与渴望，径直向街心走去……

就在那时，一辆逆行的货车撞倒了他……

女孩在收到郁金香的同时也收到了男孩的死讯。

女孩明白了一切，她把自已锁在了房间里哭了整整一夜。她回想起多年前的那个夜晚，男孩对她的表白？她一直不知道，这10年来，男孩是如此执著而痴迷地爱着她！想到这里，她就哭得更伤心，泪水将郁金香浸染的无限凄美。女孩知道，她失去了今生再也难遇难求的至爱。

然而，长眠的男孩肯定也不知道，女孩最喜欢的，正是郁金香啊……

不难看出，女孩其实一直也是喜欢男孩的，既然两个人彼此喜欢，为什么有这样的悲剧？原因正在于男孩与女孩都少了一点表白的勇气，男孩虽然说了，但不是错过了最好的时机，就是遭受了命运的戏弄，而女孩由始至终都未曾敞开过心扉——她最喜欢的，就是那郁金香！

或许这个故事有点儿老套，有点煽情，有点不切实际，但不可否认，现实中因缺乏勇气而失去爱情绝对不在少数。多一点儿表白的勇气，大胆地说出你的爱，向可爱的猪八戒学习，这样做，有可能失败，但也有可能成功。相反，如果少了这一点儿勇气，将爱深藏心里不表白，那么你能得到的只会是无尽的痛苦与悔恨。

想起林志炫在《单身情歌》中唱到的“想爱就别怕伤痛……”

想起梁静如那首传唱已久的《勇气》，“爱真的需要勇气，来面对流言蜚语，只要你一个眼神肯定，我的爱就有意义……”

愿每一个想爱的人，都能多一点表白的勇气。

第四章　职场的法则掌握点

在丛林般的职场中求生和发展，一步走错，就可能万劫不复；一步走对，也可能脱颖而出。对还是错，关键就在于你是否掌握职场的生存法则。

开动一点脑筋，端正一点态度，投入一点热情，运用一点智慧，为成功添砖加瓦，即使荆棘丛生，你也一定能走出一条康庄大道。本章所要告诉你的正是掌握职场法则的要点。

你会工作吗？

多一点

你会工作吗？职场中的人都应该多思考一下这个问题。如果不尽早地弄清答案，不把自己的工作状态调整到最好，那么我们就很可能与成功无缘。

你会工作吗？

这样问，有些人可能觉得简直是开玩笑：要不会的话，我也不会坐在这位子上。

但事情没有这么简单，很多人虽然在工作，但却不知道如何才是真正的工作。

来看看大多数职场人士的生活状态，相信大家都能感同身受：

忙！很多人就像上了发条的钟表，滴滴嗒嗒旋转不停，忙碌的工作似乎成了他们仅有的生活内容。

累！追着太阳去，随着月亮归。忙完一天的工作，再料理完家里的杂务，当把自己疲惫的身躯扔到床上时，多少人会从喉管里发出一声叹息：真累！

难！找个好工作难，获得老板的赏识和提拔更难，与同事既要竞争又要和谐相处难上加难……

初出茅庐的年轻人，为了寻找一份理想的工作而四处奔走，可总是难以如愿，只有委曲求全落草为寇；混迹职场多年的“老油子们”，他们身心疲惫，如履薄冰，似乎总有满腔牢骚需要释放；而那些四处踅摸的跳槽专家，虽有摆脱困境的侥幸，却无法从容面对“望不尽天涯路”的忧虑与焦灼……

感觉如何呢？

这个时候面对“你会工作吗”这个问题，你还能不能毫不犹豫、自信满满地答道“我会”吗？

事实是，很多人都处于这样的状态：你在辛苦地上班，却不会高效地工作！你在忙碌被动地应对，却不知道为自己的职业生涯做出清晰的规划！因为如此，所以上班对你来说，仅仅是谋生的手段，而不是一个快乐的人生事业！

你会工作吗？职场中的人都应该多思考一下这个问题。如果不尽早的弄清答案，不把自己的工作状态调整到最好，那么我们就很可能与成功无缘。

那么如何才能算是真正的会工作呢？虽然不同的工作有不同的内容，不同的人有不同的梦想，但归根结底，我们需要从两个方面做起：多一点正确的态度和实用的智慧。

先说态度,来看这样一则故事:

许多年前，一个妙龄少女来到东京帝国酒店当服务员。这是她涉世之初的第一份工作，也就是说她将在这里正式步入社会，迈出她人生第一步。因此她很激动，暗下决心：一定要好好干！

她想不到上司竟安排她洗厕所！

洗厕所！实话实说没人爱干，何况她从未干过粗重的活儿，细皮嫩肉，喜爱洁净，干得了吗？洗厕所时在视觉上、嗅觉上以及体力上都会使她难以承受，心理暗示的作用更使她忍受不了。当她用自己白皙细嫩的手拿着抹布伸向马桶时，胃里立马“造反”，翻江倒海，恶心得几乎呕吐却又吐不出来，太难受了。而上司对她的工作质量要求特高，高得骇人：必须把马桶擦洗得光洁如新！

她当然明白“光洁如新”的含义是什么，她当然更知道自己不适应洗厕所这一工作，真的难以实现“光洁如新”这一高标准的质量要求。因此，她陷入困惑、苦恼之中，也哭过鼻子。这时，她面临着这人生第一步怎样走下去的抉择：是继续干下去，还是另谋职业？

正在此关键时刻，同单位一位前辈及时地出现在她面前，他并没有用空洞理论去说教，只是亲自做个样子给她看。首先，他一遍遍地擦洗着马桶，直到擦洗得光洁如新；然后，他从马桶里盛了一杯水，一饮而尽喝了下去！竟然毫不勉强。

实际行动胜过万语千言，他不用一言一语就告诉了少女一个极为朴素、极为简单的道理：光洁如新，要点在于“新”，新则不脏，因为不会有人认为新马桶脏，也因为新马桶中的水是不脏的，是可以喝的；反过来讲，只有马桶中的水达到可以喝的洁净程度，才算是把马桶擦洗得“光洁如新”了，而这一点已被证明可以办得到。同时，他送给她一个含蓄的、富有深意的微笑，送给她一束关注的、鼓励的目光。她目瞪口呆，热泪盈眶，恍然大悟，如梦初醒！她痛下决心：“就算一生洗厕所，也要做一名洗厕所最出色的人！”从此，她成为一个全新的、振奋的人；从此，她的工作质量也达到了那位前辈的高水平，当然她也多次喝过厕水，为了检验自己的自信心，为了证实自己的工作质量，也为了强化自己的敬业心；从此，她很漂亮地迈好了人生第一步；从此，她踏上了成功之路，开始了她的不断走向成功的人生历程。

几十年光阴一瞬而过，后来她成为日本政府的主要官员之一——邮政大臣。她的名字叫野田圣子。野田圣子坚定不移的人生信念，表现为她强烈的敬业心："就算一生洗厕所，也要做一名洗厕所最出色的人。"

野田圣子之所以能够成功，很重要的一点就是在遇到困境以后，多了一种正确的工作态度。也许我们都想成为"邮政大臣"，没有人会想成为"洗厕人"，但无论什么样的职业，有一个共同的内涵和要求：那就是积极的态度和一流的敬业精神。

但凡工作总有其辛苦的一面，这是事实，而且有不少人还得面对不尽如人意的工作环境。是在得过且过的庸庸忙碌中无聊度日呢？还是振奋精神换个角度，想办法改变这一切，让工作成为快乐的源泉和人生的事业呢？这个问题其实不应该成为问题，大家都想有积极健康的人生，都想做出一番事业，而所有的一切又都尽在你的掌握之中。

转变了自己的态度后，你还需要多掌握一点实用的智慧。

年轻的洛克菲勒初入石油公司工作时，既没有学历，又没有技术，因此被分配去检查石油罐盖有没有焊接好，这是整个公司最简单、枯燥的工序，人们戏称连3岁的孩子都能做。

每天，洛克菲勒看着焊接剂自动滴下，沿着罐盖转一圈，再看着焊接好的罐盖被传送带移走。

半个月后，洛克菲勒忍无可忍，他找到主管申请改换其他工种，但被回绝了。无计可施的洛克菲勒只好重新回到焊接机旁，下决心既然换不到更好的工作，那就把这个不好的工作做好再说。

于是，洛克菲勒开始认真观察罐盖的焊接剂滴量，并仔细研究焊接剂的熵速与滴量，他发现，当时每焊接好一个罐盖，焊接剂要滴落39滴，而经过周密计算，结果实际只要38滴焊接剂就可以将罐盖完全焊接好。

经过反复测试、实验，最后，洛克菲勒终于研制出“38滴型”焊接机，这就是说，用这种焊接机，每只罐盖比原先节约了一滴焊接剂。可是，就这一滴焊接剂，一年下来却为公司节约出5亿美元的开支。

年轻的洛克菲勒就此迈出日后走向成功的第一步，直到成为世界石油大王。

一把钥匙开一把锁，工作中，任何复杂的问题，都会有一个最好的方法去解决它，而这就需要你最大限度的去开动你的脑筋、多运用一点你的智慧。各行各业都有着不同的门路，具体如何运用智慧，还需要我们在实践中去把握，但只要你比别人多动一点儿脑子，多做一点儿事情，你就会多一点儿机会，多一点儿收获。而且，在这个反复的过程中，你会多养成一个好习惯，那么，你所要做的事情也就一定会好办许多。

“最不后悔的活法”与“骑驴找马”

多一点

要想过上“最不后悔”的生活，在开始时，即使“骑驴找马”，这个驴也必须是一头像马的“千里驴”，以免“骑驴难下”。也就是说，找工作即使不能找到自己喜欢的，也一定要多向这一方面靠拢一点，越近越好。

做自己喜欢做的事情，并从中赚钱谋生，是人生最不后悔的活法。此说法来源于这样一个故事：

汉德·泰莱是纽约曼哈顿区的一位神父。一天，他去医院给一位病人主持临终忏悔，病人这样说道：“仁慈的上帝！我喜欢唱歌，音乐是我的生命，我的愿望是唱遍美国。作为一名黑人，我实现了这个愿望，我还用歌声养活了我的6个孩子。现在我的生命就要结束了，但死而无憾，没有什么要忏悔的。现在我只想说，感谢您，您让我愉快地度过了一生。”

歌手的话让神父想起他在五年前主持的一次临终忏悔，那次是位富翁，他的“忏悔”和这位黑人歌手惊人的相似，他对神父说:“我喜欢赛车，从小研究它们，改进它们，经营它们，一辈子没有离开过它们，既是兴趣又是工作的生活方式让我非常满意，而且我还从中赚了大钱，现在我没有什么要忏悔的。”

这两次相似的忏悔让神父深思，晚上回家后，他结合自己的其他经历给报社去了一封信，在信中他写到:“不管穷人或者富人，应该怎样活才能不后悔呢？我想也许做到这两条就够了：一是做自己喜欢做的事，二是想办法从自己喜欢做的事中赚钱谋生。”

后来，这两个生活信条流传开来，并被美国人公认为“最不后悔的活法”。

确实，人生能如此生活，是没有什么可后悔的。但这种活法却不是每个人都能做到的，尤其是在我们国家，一些年轻人初入职场时，其选择往往是被动的，“先就业，后择业”，“怎么也是混口饭吃而已”是很多年轻人的想法，根据自己兴趣爱好对未来发展进行选择的人，比重相对轻一点。

这一方面是因为就业压力太大，一般都是公司挑人才，只要公司愿意用，就谢天谢地了；另一方面是因为一些年轻人价值观太过模糊，根本不清楚自己想要干什么，自己适合做什么，只好抱着先工作以求生存，再慢慢寻找自己的兴趣，干自己喜欢的事的想法。

新东方学校的徐小平老师将后一种原因形象的比喻为“骑驴找马”，并以此为自己的一本著作命名。

那么，如何看待“最不后悔的活法”与“骑驴找马”这两种做法呢？

前者显然是正确的，也是大多数人喜欢的活法。但在目前这种就业环境下，却很难让大多数人真正的去遵行；后者虽然属于

“应急”措施，也有点浪费生命的嫌疑，对所在的公司也不算负责，但却是很多人无奈的选择。

对此，笔者的看法是，一切都得先从自身的实际出发，在暂时无法从事自己喜欢的工作或者找不到时，可以选择“骑驴找马”，但如果不是面临生存问题，那么这头“驴”千万不能乱找，不能一有公司要，就轻易地把自己卖了。这样做的结果，很可能使你陷入“路径依赖”，何谓“路径依赖”？

经济学上对其的解释是某一路径的既定方向会在以后的发展中得到自我强化，人们过去的选择决定他们现在及未来可能的选择，举一个形象的例子：

将5只猴子放在一个笼子中，并在笼子的中间上空吊一串香蕉，只要有猴子伸手去拿香蕉就用高压水教训所有的猴子，直到没有一个猴子敢动手。试验的下一步是用一只新猴子替换出笼子里的一只猴子。新来的猴子不知这里的“规矩”，动手去拿香蕉，结果竟触怒了原来在笼子中的四个猴子，于是四只猴子代替人执行惩罚的任务，把新来的猴子暴打一顿，直到它服从这里的规矩为止。试验人员如此不断将最初经历过高压水惩戒的猴子换出来，最后笼子中的猴子全是新的，但再没有一只敢去碰香蕉。

猴子天生爱吃香蕉，可是偶然出现一个“不许拿香蕉”的制度后，这一违背猴子天性的制度居然自我强化而成为第二天性，真是咄咄怪事！最初，猴子们不让群体中的任何一只猴子去拿香蕉是合理的。为的是免受“连坐”的惩罚，但后来一切物是人非，新猴们却也固守着“不许拿香蕉”的制度。多么可怜的猴子。

为什么会出现这种现象呢？就是“路径依赖”在作怪。

工作的道理也是如此，要想过上“最不后悔”的生活，在开始时，即使“骑驴找马”，这个驴也必须是一头像马的“千里驴”，以免“骑驴难下”。也就是说，找工作即使不能找到自己喜欢的，也一定要多向这一方面靠拢一点，越近越好。

有些人或许对此不以为然，认为自己的决断力一流，如果能找到喜欢的工作，就能迅速摆脱“路径依赖”，很快地进入状态。但是，事情不会像你想的那么简单，如果你喜欢的工作与原来的工作没有多大的关系，先不说缺乏经验很难成功，在原来工作中积累的资源也大半会失去，即使成功，你也只是一个新手，工作的难度会更大，而工资待遇比起原来也会低很多，这是大部分人难以接受的。

最后要说的一点是态度问题，在找到那头像马的“千里驴”之后，你不能将这匹“驴”单纯的当作找“马”的工具，一定要尊重自己正在干的工作，以最饱满的激情投入到工作之中，决不能敷衍了事，做一天和尚撞一天钟。这不只是对你的未来做准备，对自己负责，也是一个起码的职业道德问题。

你满意吗？

相对于满意，能否得意才是我们对待职业的最好态度。因为得意的工作往往都是自己的兴趣所在，个人的能力特长所在，能使自己的人生抱负、价值、使命感和工作达到高度统一。

某报曾在年底做过一个关于职场人士满意度的调查，这次调查所针对的职场人士满意部分涉及的比较广泛，既包括了晋升、培训等涉及成就感的要素，也包括了涉及归属感的感情要素等。结果，多半数职场人士对自己过去一年职场生活表示满意。

这个结果表面上让人欣喜，但事实上却深藏着一层危机。不可否认，满意度固然对我们的工作影响很大，但满意并不代表这份工作就能给你带来成就感甚或成功，它只是工作的一般程度而已。如果对自己的工作太过满意，反而会阻碍事业的发展。

来看这样一则事例：

19世纪末，美国康奈尔大学做过一次著名的实验。

这组实验研究人员，做了十分完善的策划和安排。他们捉来一只健硕的青蛙，冷不防把它丢进一个煮沸的开水锅里。这只反应灵敏的青蛙在千钧一发的生死关头，用尽全力，跃出那势必让它葬身的水锅，安然逃生。

隔了半个小时，研究人员使用一个同样大小的铁锅，这一回往锅里放入冷水，然后把那只刚刚死里逃生的青蛙放进锅里。青蛙自由自在地在水中游来游去，接着实验人员在锅底偷偷地用炭火加热。青蛙不知究底，悠闲自得地在微温的水中享受“温暖”。

慢慢地，锅中的水越来越热，青蛙觉得不妙了，但等它意识到锅中的水温已让自己熬受不住了，必须奋力跳出才能活命时，已经为时过晚，它欲跃乏力，全身发软，呆呆躺在水里，坐以待毙，直至被煮死在锅里。

“蛙未死于沸水而灭顶于温水”的结局，很是耐人寻味。青蛙第一次能死里逃生，是因为它意识到危险，尽其所能进行了抗争；第二次葬身锅底，则是由于它思想懈怠，在不知不觉中失去求生弹跳的能力。若是锅中之蛙能时刻保持警醒，在水温刚热之时，迅速跃出，也为时不晚，不至于发展到难以自拔被煮死的境地。

后人将从这个实验中得出的道理总结为青蛙现象。

在现实生活中，青蛙现象不胜枚举，它道出了从量变到质变的原理，说明了在渐变的环境中，如果不能保持清醒的头脑和敏锐的感知力且对新变化做出快速的反应，而是贪图享受，安逸于现状，那么当你感觉到环境已经使得自己不得不有所行动的时候，你也许会发现，自己早已错过了行动的最佳时机，一切的行动只是徒劳，等待你的只是悲哀、遗憾和无法估计的损失。

如果说，缓慢上升的“水温”对于青蛙来说是一种致命的危机，那么，对于员工来说，危机则要广泛得多，而太过满意自己的工作状态很多时候就是这其中的一个。

员工太过于满意目前的工作状态，往往就会沉醉于现状，“我目前过得很好啊！”、“我们公司实在太好了！”这不但阻碍了员工自身的进步，也限制了企业的发展。作为员工，要想改变这种情形，就必须在感到满足的同时，还要多一点儿危机感，感受到危机，才能少一点儿自满，保持不断前进的步伐。

此外，你对目前的工作满意，也不能说明这份工作就是你职业生涯的最好选择。相对于满意，能否得意才是我们对待职业的最好态度。因为得意的工作往往都是自己的兴趣所在，个人的能力特长所在，能使自己的人生抱负、价值、使命感和工作达到高度统一。

最近几年，像过劳死、亚健康、床铺文化等工作压力问题，之所以越来越突出，就在于生活和工作很难达到和谐。

所以，在对工作感到满意的同时，你还要多思考一点儿这份工作是否值得“终生相许”，是否能让你感到得意。如何思考呢，可以从以下三个方面考虑：

一、对工作的兴趣到底有多大？

二、能否干好这份工作？

三、这份工作是否值得干下去？

如果这三个方面你都能给出肯定的答案，那么，你就坚持下去，如果不能，在生存压力不大的前提下，你可以考虑换一份工作。

能办事，更要能懂事

如果说能办事是在职场生存、发展的根本，那么能懂事则是生存、发展的强大武器。没有这个武器，想在职场混出头，可难得很！

能办事，就是拥有办事的能力。那什么叫懂事呢？就是多懂得一点人情世故。

三国时候的杨修，够聪明吧，会办事，也能办事，但最后结果怎么样？聪明反被聪明误，落得个身首异处，原因就在于他太不懂事了，有些事情心知肚明即可，说出来就是祸。

“齐天大圣”孙悟空厉害吧，七十二般变化，上天入地，翻江倒海，几乎是无所不能。但看过《西游记》的人应该都记得，唐僧在派弟子化斋时，总是让好吃懒做的猪八戒去，而很少派孙悟空，原因在哪里呢？就在于孙悟空太过毛躁，不懂得人情世故。

南宋时期，宋孝宗常常感叹手下缺少能办事的臣子。右文殿修撰张南轩对他说：“你应该去寻找能懂事的臣子，而不仅仅是能办事的臣子”。

与此类似的还有《水浒传》里宋江对李逵的态度，道理都在这。

现在这个社会，能办事的人很多，在这一点上，你很难和别人分出高低，除非你拥有的是很少有人会的本事，否则，要分出真功夫，很多时候，还要看谁能多懂一点事。

来看看下面的这个职场实例：

公司里新招了一批职员，老板抽时间与大家见个面。

“黄烨(huá)。”

全场一片静寂，没有人应答。

老板又重复了一遍。

一个员工站起来，怯生生地说：“我叫黄烨（yè)，不叫黄烨(huá)。”

人群中发出一阵低低的笑声。

老板的脸色有些不自然。

“报告经理，我是打字员，是我把字打错了。”一个精干的小伙子站了起来，说道。

“太马虎了，下次注意。”老板挥挥手，接着念了下去。

没多久，打字员被提升为公关部经理，叫黄烨的那个员工则被解雇了。

显然，单论办事能力，那位员工应该在打字员之上。但却明显的有些不懂事，不懂得给老板台阶下，这个时候，要懂得应变，如果实在没有好的应变方法，可以在会后委婉地向老板表明或者通过其他手段为自己正名，但千万不要在大庭广众之下指出。

在这方面，那位打字员做得就比较好，这样的员工是每个老板都喜欢的。他的行为不是阿谀奉承，而是一种解救别人尴尬的策略，是人情练达的表现。最终得到老板的赏识也是合乎情理的。

当然，这位打字员最终能否成功，还得看他办事的能力，但至少他以此为自己赢得了机遇。

其实，懂事不仅体现在处事方式上，还体现在修养、礼仪等细节上。

再来看一个职场实例：

秦茹和乔萍是同一天来到这家著名广告公司应聘美编的，单从两个人的作品上看，技术水平不相上下。不过秦茹在思路方面略胜一筹，因为她在深圳做过3年美编，刚刚回到北方来，经验相对于才出校门的乔萍自然要丰富一些。两个人一起被通知参加试用，而且结果很明确，只能留下一个。

秦茹上班时间从来都是一身T恤短裤的打扮，光脚踩一双凉拖，也不顾电脑室的换鞋规定，屋里屋外就这一双鞋，还振振有词地说:“深圳那儿上班的人都这样，再说我这不是穿着拖鞋吗。”不管是在工作台前画图，还是在电脑前操作，只要活干得顺手，一高兴起来准把鞋踢飞。刚开始，同事们还把她的鞋藏起来，和她开玩笑，后来发现她根本不在乎，光着脚也到处乱跑。相反，乔萍是第一次工作，多少有点拘谨，穿着也像她的为人一样——文静、雅致之外，还带着少许灵气，她从来不通过怪发型、亮眼妆来标榜自己是搞艺术的，只是在小饰物上展示出不同于一般女孩的审美观点来，说话温温柔柔的，很可爱。

有一天中午，电脑室的空气中忽然飘出腥臭味道，弄得一班人互相用猜疑目光观察对方的脚，想弄清到底谁是“发源地”。后来，大家发现窗台下面有嗦嗦的响声，原来那里放着一个黑色塑料袋，有胆子大的打开来一看，居然是一大袋海鲜。众人的目光不约而同地集中在秦茹身上，没想到这小妮子坦坦荡荡地说:

“小题大做，原来你们是在找这个。嗨，这可怪不得我，这里的海鲜只能算是海臭，一点儿都不新鲜，比深圳的差远了。”这时乔萍端过来一盆水：“秦茹姐，把海鲜放在水里吧，我帮你拿到走廊去，下班后你再装走。”秦茹一边红着脸，一边把袋子拎走了。

结果呢，试用期才进行了两个月，秦茹就背包走人了，尽管她的方案比乔萍做得要好，但是老板不想因为留下这样一个太不修边幅的人，而得罪一大批雇员。临走的时候，老板对秦茹说：“你的才气和个性都不能成为你搅扰别人心情的原因，也许你更适合一个人在家里成立工作室，但要在大公司里与人相处，处世得体和合作精神是十分重要的。”（朗月）

在这个例子中，论能力，秦茹要比乔萍高一筹，但最后还是输在能办事却不能懂事这一点上，在修养、礼仪方面比人家差了一点。须知，职场之中无小事。不要以为小节无伤大雅，相反，要懂得从小处入手，树立良好形象，全方位完善自我，这样才能更好的施展自己的能力和抱负。

如果说能办事是在职场生存、发展的根本，那么能懂事则是生存、发展的强大武器。没有这个武器，想在职场混出头，可难得很！

当然，要真正学会懂事不是一件容易的事情，必须要经过一番深入的磨砺，用心揣摩，更多的去实践，才能体会到个中滋味。

职场“苦黄连”的下场

多一点

职场如战场，没有人会同情一个只知道抱怨和埋怨的胆小鬼，人们只会尊敬那些不畏困难的勇士。

先来看这样一则职场实例：

Sandy跟小丽同在一家大公司做财务。一次，她们共同做的一份报表出了错，为此老板将她们狠批了一顿，此后，好几天，见她们俩时都黑着脸。Sandy是一个藏不住事的人，在同事面前哭天抹泪地抱怨，整个一祥林嫂。她本以为同事们见此情形会拔刀相助，至少会对她表示同情，没想到大家根本无动于衷，当她是空气似的。

Sandy无趣极了，只好跑到正在低头改报表的小丽那里，在她看来，小丽肯定会跟她站在同一战线，没想到小丽笑着对她说：“还是不要计较啦，Sandy，事情已经这样了，再怎么发牢骚也没用。我们还是尽快把它改完，免得老板又骂。”说完，将撅着小嘴还在生气的Sandy推回了座位。又埋头去改那份报表了。

经过了这件事情以后，Sandy发现同事们开始变的特别偏心，对小丽不断的关心与帮助，对自己却冷淡了许多。Sandy想不明白，为什么自己诉了半天苦，大家都无动于衷，而小丽一句话也没说，却有很多同事在给她寻找错误，帮助她改正。自己到底那里做错了呢？

其实，不是同事们偏心，恰恰是Sandy自己的抱怨和牢骚让同事们无法向她伸出援助之手。身处竞争激烈的职场，遇事时，像Sandy那样，只会不住地抱怨、哭诉，不仅于事无补，反而会提醒别人：你是多么的懦弱和无能。

心理学家研究发现，很多时候，我们之所以厌恶一个人，往往是因为他们身上所暴露出来的弱点和缺陷我们也有。Sandy的同事之所以对她的抱怨和哭诉无动于衷，很可能就是在她身上看到了自己懦弱的一面，所以，不但不会对Sandy产生同情，还会从心底产生一种厌恶感。事实上，Sandy在心灵深处里有一种害怕失败、害怕被人嘲笑和轻视的潜意识在作祟，为了主观上避免这种情况的出现，她便希望以弱者的形象，使同事们同情她、帮助她，而不是嘲笑和轻视。说白了，就是她太过重视别人对她的看法。但是，职场中的“丛林法则”却使她难以如愿。

事实上，面对职场的每一次错误或者失败，我们完全没必要过多地纠缠，也不必在乎别人的看法。因为在职场中，任何人都无法成为别人生活的重心，谁都不会太在意别人怎么样。这并非消极的认知，而是每个职场人士必须懂得的一个成功哲理——凡事看开一点儿，不要太在乎别人怎样看，轻装上阵。

抱怨和诉苦都是无济于事的，付出的努力多一点儿，自己的处境自然会得到更多的改善。人往往是在克服困难过程中产生勇气、培养坚毅和高尚的品格的，也是在此过程中赢得别人的尊重和帮助的。

在这一方面，小丽就做得很好，她不像Sandy，她选择的是积极弥补过失，让大家看到了一个优秀员工的形象，而这又恰恰满足了大家心中所希望拥有的优点和长处，所以每个人都会尽力地去帮助和关心她。此外，小丽在面对错误的时候，首先想到的不是老板的批评或者同事的轻视和嘲笑，而是如何去弥补，这种态度也正是一个成年人应有的行事规范，因而容易引起共鸣，从而获得理解和帮助。

职场如战场，没有人会同情一个只知道抱怨和埋怨的胆小鬼，人们只会尊敬那些不畏困难的勇士。

面对自己所犯的错误，多一点坦然，多一点正视，拿出足够的勇气去面对它、承认它、改正它，这样能弥补错误所带来的不良后果，也能赢得上司和同事对你的尊重与信任，从而很主动地帮助你、关心你。相反，像Sandy那样选择推卸责任，到处诉苦，以弱者的形象换取同情，并不能得到别人的帮助，只会适得其反，要么招人嫌，要么被人瞧不起。

慢马变快马的秘密

多一点

在充满残酷竞争，危机感日益增强的职场江湖，不断给自己提出新的挑战，而不是被动接受挑战是捷足先登、立于不败之地的秘诀。

著名的“马蝇效应”源于这样一个典故：

1860年，林肯当选为美国总统。一天，有位叫作巴恩的大银行家到林肯的府邸拜访，正巧看见参议员萨蒙·蔡思从林肯的办公室走出来。于是，巴恩就对林肯说：“您最好不要将此人选入你的内阁。”

林肯奇怪地问：“为什么？”

巴恩说：“因为他是个自大成性的家伙，他甚至认为他要比您伟大得多！”

林肯笑了：“哦，除了他以外，您还知道有谁认为自己比我要伟大的？”

“不知道，”巴恩说，“不过，你为什么这样问？”

林肯回答：“因为我要把他们全都收入我的内阁。”

事实证明，这位银行家的话是有道理的，蔡思的确是个狂态十足、极其自大，而且嫉妒心极强的家伙。他狂热地追求最高领导权，他本想入主白宫，不料落败于林肯，只好退而求其次，想当国务卿。无奈，林肯却把这个职位交给了西华德，他只好坐第三把交椅——当了林肯政府的财政部长。为此，他怀恨在心，愤怒不已。不过这个家伙确实是个大能人，在财政预算和宏观调控方面很有一手。林肯一直非常器重他，并通过各种手段尽量避免与他产生冲突。

后来，目睹过蔡思种种行经，并搜集了很多资料的《纽约时报》主编亨利·雷蒙特拜访林肯的时候，特地告诉他蔡思正在上蹿下跳，狂热地谋求总统职位。林肯以他那一贯的幽默对雷蒙特说道:“亨利，你不是在农村长大的吗？那么你一定知道什么是马蝇了。有一次我和我的兄弟在肯塔基老家的一个农场犁玉米地，我吆马，他扶犁。偏偏那匹马很懒，老是磨洋工，但有一段时间它却在地里跑得飞快，我们差点跟不上它。到了地头，我才发现，有一只很大的马蝇叮在它身上，于是我就把马蝇打落了。我的兄弟问我为什么要打掉它。我告诉他，不忍心让马被咬。我的兄弟却告诉我:‘就是因为有了那家伙，这匹马才跑得那么快。’”然后，林肯意味深长地对亨利·雷蒙特说:“如果现在有一只叫‘总统欲’的马蝇正叮着蔡思先生，那么只要它能使蔡思的那个部门不停地跑，我就不想去打落它。”

没有马蝇叮咬，马慢慢腾腾，走走停停；有马蝇叮咬，马不敢怠慢，跑得飞快。这就是著名的马蝇效应。

慢马变为快马的秘密在于马蝇的叮咬。那么作为身处职场的一名员工，要想成就一番事业、证明自身的价值，或者功利点讲，想获得物质上的财富，需要什么来叮咬呢？

答案就是取胜的欲望。成功学大师卡耐基说过一句话:“要做成事的方法，是激起竞争，不是勾心斗角的竞争，而是相互取胜的欲望。”取胜的欲望就是叮在我们身上的一只马蝇，它促使我们在困难面前永不妥协，在强大的对手面前永不低头，多一点取胜的欲望，就一定会多一点成功的动力和机会。

说到这里，可能会有人问了，如何才能激起内心的取胜欲望呢？

答案就是保持强烈的进取心，不断挑战，绝不安于平庸。这是那些优秀的、出类拔萃的员工们最喜爱的竞技，一种自我表现的绝好机会，是激起内心求胜欲望的最好方法。

有进取心、不断挑战，从根本上说是为了自身的不断进步。而这种挑战的过程又是重塑自我的过程。这好比跳高运动员，不断挑战就是要把有待越过的横杆升高一格或几格，没有最好，只有更好；又好比足球运动中的优秀前锋，永远把下一个进球当作最好的。或许他们的这种挑战，所带来的超越，只是多了一点儿，并不那么明显和突出，但正因为多了这一点儿，他们才能保持内心的那种取胜欲望，不断走在前进的路上，不至于停滞不前。

这其中的道理同样适用于职场人士。在充满残酷竞争，危机感日益增强的职场江湖，不断给自己提出新的挑战，而不是被动接受挑战是捷足先登、立于不败之地的秘诀。

需要注意的是，在给自己寻找挑战时，不能好高骛远、不切实际，也不要认为挑战的对象就一定是什么宏大的目标，工作中，多克服一点小的坏习惯，多纠正一点小的工作缺陷等都可以成为挑战的对象。

在哪里跌倒，在哪里躺下

多一点

跌倒后，躺下多休息一会儿，不仅能使我们有更多的时间重新积聚力量，而且有更多的机会思考自己何以跌倒？站起来以后又该如何做？两全其美，何乐而不为？

2006年度，网络上有人搞了个评选十大职场段子的活动。“在哪里跌倒，在哪里躺下”这句高票当选为第七名。

乍一看，这实在与传统观念相背，向来，人们所信奉的都是“在哪里跌倒，就在哪里爬起来”的观念。怎么能跌倒了就躺下呢？

其实，这两句话并不矛盾。正像此次活动评委会对这个段子所给出的评语中说的那样：

这句职场箴言“充满了道家智慧，跌到了就歇一歇，想一想，活是干不完的，钱是挣不完的，辩证的看，只要不伤筋动骨，有跌倒的机会，未必不是福分。”

的确，“在哪里跌倒，在哪里躺下”并不代表一躺不起，更何况竞争虽然激烈，但我们犯不着用命去拼。跌倒后，躺下多休息一会儿，不仅能使我们有更多的时间重新积聚力量，而且有更多的机会思考自己何以跌倒？站起来以后又该如何做？两全其美，何乐而不为？

名牌大学的才子楚南毕业后，拒绝了多家报社和杂志社的邀请，竟出人意料的去了一家电子公司从事业务员的工作，结果辛苦奔波大半年，却没做出理想的业绩，甚至不如一些大、中专毕业生。一气之下，他干脆自"炒鱿鱼"，联系了两位感情不错的老同学，合伙开了一家贸易公司，从南方倒腾一些商品在北京卖，结果三个"诸葛亮"合在一起，非但没有像预想的那样发大财，还赔进去许多，三人的友情也因此受到伤害。

屡次跌倒的楚南，没有借此机会好好休整休整，思考思考，而是盲目的四处借款，想让这家公司起死回生，结果还是白忙碌了一场，公司彻底完了，自己还欠了一屁股债。之后，楚南又四处求爷爷、告奶奶，借了一些钱独自撑起一个不大的门面，先是卖办公耗材，接着又卖电脑。但赚的钱并不多，日子也过的不快乐。

时间一晃而过，转眼楚南已经毕业六年了，疲于奔命的他终于还完了债务，但在事业上，还是一事无成。看着昔日的朋友、同学都已在各自领域做出了引人注目的成就，在无限感慨与伤悲的同时，楚南终于开始"躺下来"反省自己。

不久，楚南关闭了那家因经营不善而面临倒闭的店铺，远离了繁华都市，躲到一个僻静的海滨小镇，经过一段时间的修整与思考后，他开始潜心于文学创作。这是楚南的优势所在，而这几年职场、商场的经历也给他提供了一定的素材。果然，不久之后，他创作的作品一部部接连畅销，接着，他又选择和一位很懂出版发行的朋友组建了一家文化公司，他负责稿源和创作，朋友负责出版发行等事务。很快，楚南就取得了成功，家财过千万，拥有了豪宅和名车，在出版界也成了明星人物。

在哪里跌倒，在哪里躺下。楚南的经历形象地说明了这个道理。

“跌倒”并不可怕，再优秀的人也不敢说他不会“跌倒”。当你遭受挫折和打击的时候，不要不假思索的、急着站起来，不妨就躺在那里多休息一下，让你的脑子冷静下来，理性的思考一下自己到底错在那里：是否找错方向？是否用错了方法？是否做了无用功？然后，再站起来，这时你的步伐或许会比别人慢了半拍，但却会恢复轻松的精神状态，而且由于多了一点冷静理性的思考，相应的就会更容易找到正确的方向。相反，如果你尽想着哪里跌倒，就赶紧在哪里爬起来，站起来后依旧讳疾忌医、执迷不悟，那很可能会再次跌倒，跌的更惨。这才是真正可怕的。

“大哥，我们不专业啊”

多一点

多提高一点专业能力，让自己成为解决问题的人，而不是团队中制造问题的人。只要你是真的“专”了，那么成功必然会降临到你的身上。

2006年，一部名叫《疯狂的石头》的小成本电影横空出世，掀起了一股全民性的“石头热”，给观众们留下了众多捧腹大笑的幽默片段，其中的许多经典台词成为了人们的口头禅。这其中就包括这句“大哥，我们不专业啊”。

几个小偷，不远万里，为了一块宝石，在偷盗未遂的情况下，毅然选择了不专业的绑架，演绎了一段令人啼笑皆非的故事。在笑过之余，身处职场的你我，能得到些什么启示呢？

专业精神，对，就是专业精神，职场中，为什么有那么多的人混得不如意，在叹息与抱怨中消磨着时间？就是因为缺乏这种培养专业精神的意识。李嘉诚最开始的时候只是个学徒工，吴士宏原先也只是个打字员，李阳英语四级考了三四次都没有过……谁都不是生来就具备专业知识的，关键在于你是否努力的去学习！

目前职场中人们流行着充电，学英语、学电脑、学开车、学这学那，可对于自己的专业，在工作之余却不愿多用一点时间和精力去深入学习，最后搞得自己的那点活力和冲劲都消耗在工作以外的事情上了。殊不知，现在社会讲求的是“专”而不是“博”，专是前提，在此基础上学习更广博的知识，当然是再好不过。相反，在你的专业知识还不怎么样的时候，盲目的去涉猎其他的事情，无疑是舍本逐末的行为。

现代职场，对专业化程度的要求越来越高，精细化工作对职场人士的知识和经验有着越来越大的挑战。在这种情况下，一个做事没有主心骨儿，总是摇摆不定、朝秦暮楚的人，非但无法强化自己的专业知识，还很有可能消磨自己长时间积累的专业经验和职业资源。这样的人要想在职场跳板上越跳越高，无疑是难比登天。

俗话说，一招鲜，吃遍天。古语也讲，十鸟在林，不如一鸟在手。能让你取得成功的往往就是你的专业。多提高一点专业能力，让自己成为解决问题的人，而不是团队中制造问题的人。只要你是真的“专”了，那么成功必然会降临到你的身上。

在韩国本土和中国都创造了收视奇迹的励志韩剧《大长今》，曾在前两年掀起一股“长今热”，至今影响犹在，有眼光独到者据此创作了《职场大长今》一书，引起读者广泛好评。

大长今的故事之所以引起职场人士的共鸣，有着很多的原因，诸如她顽强的奋斗精神、良好的人际关系以及善于另辟蹊径的创新思维等，都是职场成功的重要因素。但《大长今》给笔者带来的最大感受还是他的专业水准：参加“面试”考试时，考官百般刁难，长今凭着自己对专业知识的烂熟于心顺利通过；开始“实习”后，在膳食考试时，发现原材料中不可缺少的面粉被别有用心的人偷走，长今用白菜叶代替面粉，再次“蒙混”过关——这体现了她对专业知识的灵活运用；“转正”后，在皇上突然昏迷，别人都无计可施的紧急情况下，长今显示出独当一面的勇气和能力，在研究了皇上的病史后，充满自信的施展自己的针灸技术，救了皇上一命……

大长今的这种经历对职场人士来说的确有一定的积极意义。职场竞争与宫廷斗争相比，这里虽没有刀枪剑戟、腥风血雨，却同样是处处危机，一不小心就可能陷入圈套；这里虽没有你死我活、残酷角逐，却同样是竞争激烈，没有本事，就随时都可能出局。要想站住脚，立足跟，就必须向大长今学习，把自己“武装”起来。而这其中最重要的一点就是你的专业能力，专业能力比你周围的人强一点，才能使你突显出自己的价值，也才能创造出高于他人的业绩和成绩。专业能力是根本，在此基础上，多提高你的人际交往能力，多完善你的工作态度，多培养良好的敬业精神和忠诚度等，你便能在职场中立于不败之地。相反，如果专业能力不够，那么即使你人际关系搞的再好，工作态度再端正，再敬业，再忠诚，也很难有出头之日。

最后，让我们用喜剧之王周星驰的一句经典台词共勉:“拜托，有点专业精神好不好！”

第五章　财富的运用谨慎点

毋庸否认，财富是成功的重要组成部分。但是，财富也是一把双刃剑。用的好，财富会像滚雪球般小财变大财，生活质量会相应的不断提高，成功也会在不远处向你招手；用不好，即使再多财富也会转瞬成空，生活会被拉入“黑暗”的深渊，成功会从你的身边擦身而过。

因此，运用财富时一定要谨慎点。如何做到谨慎点呢？本章所要告诉你的正是财富运用的谨慎之法。

《圣经》中的理财智慧

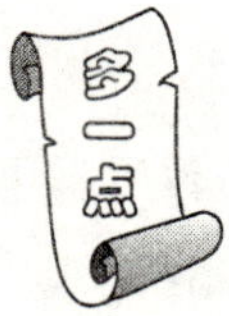

市场经济体制下，每个人面前都有众多的诱惑和机会，能挣到大钱固然很好，但绝非如此才能致富发财，关键是不要自我否定和放弃，多一点积极的心态，持续不断地努力坚持下去。

西方世界有这么一个流传已久的故事：

从前，有一个国王要出门远行，临行前，他交给三位仆人每人一锭银子，国王告诉他们，要好好珍惜并善加管理自己的财富，等到他回来时再看看他们是如何处理这些钱的。

国王回来后，第一个仆人说："主人，你交给我一锭银子，我用它做了各种投资，现在我赚到了十锭。"国王非常高兴，给他10座城池以做奖励；第二位仆人报告道："主人，你给我一锭银子，我用它买下各种原料，制造成商品出售，现在我赚到了五锭银子。"国王很欣慰，给他5座城池做奖励；第三位仆人则报告说："主人，你交给我一锭银子，为了安全起见，我一直把它包在手帕里，随身携带，现在我将它原封不动地还给你。"国王听了大怒，并骂道:“你这懒惰的仆人，竟不好好利用你的财富。”接着，将第三个仆人的一锭银子赏给第一个仆人，说:“凡是少的，就连他所有的，也要夺过来。凡是多的，还要给他，让他多多益善。”

这个故事源于《圣经·新约·马太福音》中的一个典故，后人据此得出了著名的“马太效应”——赢家通吃(winner takes all)。

但笔者这里要说的却不是这一点，而是这个故事的另一层寓意：理财要让钱多流动，要学会投资，让钱生钱。不善利用金钱等于浪费金钱，浪费了金钱的价值。圣经故事中，第三位仆人之所以受到责备，不是由于他奢侈，也不是因为拿着钱冒险投资，而正是因为他把钱存在“安全”的地方，没有好好利用金钱。

其实，现实生活中，大多数人也像那位仆人一样不善于利用自己手中的金钱。在他们看来，投资理财是有钱人的事，像自己这样的工薪族，一个月拿那么点钱，根本不值得投资，还不如存银行里，既安全又省心。

这种看法实在大错特错。我们每一个人最终能拥有多少财富，事先是难以断定的，但有一点却可以肯定，想通过将钱存在银行的方法来致富，难比登天，现实是最有说服力的，看看世界上的著名富豪，甚至自己身边的有钱人，有哪一个是通过这种方式致富的呢？事实上，将钱存在银行的人，到了年老时不但无法致富，即使最基本的财务自主也很难达到，这种例子在报刊杂志上多的是。人们之所以选择将钱存在银行，原因无非是为了安全，但是经济学的常识告诉我们：钱存在银行，短期内可能是安全的，但从长期来看，却是最危险、最不奏效的致富方式。

当然，笔者这里并不是主张钱不要存银行，毕竟银行存款有其优点，比如方便、快捷等，而是说要适度，在条件允许的情况下，多拿出一点钱来做别的投资。

巴菲特是世界股坛不灭的神话，在比尔•盖茨因微软增值而成为全球首富之前，他多年来一直雄居这个宝座。他是一个全球知名的投资专家，一个极善于累积财富的人。他的财富秘诀是什么呢？尽管细节上的窍门我们不敢乱言，但总的看来无非就是比常人多了一点投资意识和能力，将钱投资在股票里，让钱生钱。

小时候的巴菲特并没有什么特别之处，也没有什么能拿得出手的专长，干的是送报生的低微工作，拿着几美分的微薄工资，但是，他比别人更早地懂得了理财投资的道理，了解金钱的根本价值，所以，他紧守着得之不易的每一分钱。当他看到商店里卖的100美元的商品时，他看到的不是眼前的商品的美观或者廉价，而是10年、20年后这100美元的增值会是多少。所以，他宁愿拿着100美元去投资，也不愿意去买那件商品。这种想法使他不会随意花费金钱去购买不必要的东西。

市场经济体制下，每个人面前都有众多的诱惑和机会，能挣到大钱固然很好，但绝非如此才能致富发财，关键是不要自我否定和放弃，多一点积极的心态，持续不断地努力坚持下去。

台湾著名理财专家黄培源先生曾多次提到过这样一个神奇的致富公式：

假定一位身无分文的年轻人，从现在开始能够每年存下14 000元，并且将这些钱投资到股票、证券、房地产等方面，每年获得20%的收益率，如此坚持40年，那么40年后，他能积累多少财富？

一般人猜想的数字，多是200万到800万之间，最多也不过1 000万左右。然而依照财务学计算复利的公式，正确的答案应该是不止1.028亿！一个我们不敢想像的数字。

这个神奇的公式表明，一个20岁的上班族，如果依照这种方式进行投资，到60岁退休时，就已然是亿万富翁了！

当然，我们一开始或许不可能每年存下14000元，不可能每年获得20%的收益，但没关系，把这两个数字换成适合自己的数字，试试看。只要有了这种信念，多坚持一点，总会一天好过一天，一年好过一年。再者说，谁也不是天生就会投资理财，只有坚持不断地在实践中多学习、多锻炼，才能够成为投资理财高手。正如《富爸爸，穷爸爸》一书中所说的那样：把每一分钱都看成你的雇员，让他们去努力工作，给你带来最丰厚的回报。

谁是有钱人？

多一点

一方面是坚决否认，使劲哭穷；一方面是大肆炫耀，恨不得天下人全都知道。这两种有钱人的表现，哪种更值得我们欣赏呢？显然都不是，前一种只能给人留下虚伪的印象，后一种则会在给自身带来毁灭性打击的同时，也会给整个社会带来极其恶劣的影响。

你是有钱人吗？面对这个问题，有的人惟恐躲之不及，矢口否认；有的人却恨不得让天下人全知道，甘之如饴。

先来看前一种。

农民——来看这样一首打油诗："俺们刚刚能吃饱饭你们又要花钱把肥减了；俺们刚娶上媳妇你们又包二奶了；俺们刚吃上糖你们又尿糖了；俺们刚知道白纸擦腚你们又用它抹嘴了……"（节选自2006年网络流行打油诗《农民的困惑》）显然，农民不是有钱人。

工薪阶层——他们也有话说：我现在还得挤着公交车上下班，买不起房，养不起车……我哪有什么钱，当医生的有钱。

医生有钱——简直是胡说！人不能无耻到这种地步！我们不分日夜地守护在诊室、病房、手术室，忍受那些令人窒息的味道，把谁都得当亲人。冒着生命危险，防非典，抗禽流感……为的就是人民群众的身体健康。就算有人收红包，开药搞提成，也弄不到几个钱，这还得遭受法律和良心的双重折磨！那些当官儿的才有钱。

当官儿的更要哭穷——别看出入公车代步，威风凛凛，吃饭有人请，工资加奖金还有补助、津贴……可以后一退休，这些就都烟消云散了。再说，儿女读书，买房装修，职位升迁……哪一个不得花钱，我没钱，明星有钱。

可明星也有话说——别看我发个专辑就千八百万，演个电影也大把搂钱，可宣传不也得花钱吗，还有什么制作费、广告费、各种各样公益活动捐款……再加上大把的个人开销，一年到头也赚不了几个钱啊？商人才有钱呢。

做商人——小车洋房，左拥右抱，一掷千金，那也是有苦说不出啊。不摆这谱谁跟你合作呀？最近新闻上不有这么一条，一些商人专门花钱聘学生做公关，道理就在这，得上下打通关节，拉关系。而且大部分钱不是在流动中，就是别人欠的，那有什么钱。外国人才有钱。

……

这样一看，似乎谁都不是有钱人。但其实这里面存在一个伪前提：只要有人比我富，只要还有我没拥有的东西，我就不是有钱人。以这种逻辑推理，这世界上的有钱人就只有比尔·盖茨一个人了。这显然是不正确的，事实上，上面大多数人嘴上虽然这么说，内心还是把自己当做有钱人（除了农民和工薪阶层外），至少在大众的眼里，他们的确是有钱人，可他们为什么就不承认呢？

原因无外乎这几点：一是中国人向来讲究财不外露；二是有钱人有机会看到比自己更有钱的人，所以不敢夸富；三是有钱就有麻烦，说不定哪天就因为这个着了道。

当然，有否认的，自然也就有承认的，来看第二种。

自美国《时代周刊》创始人亨利·鲁斯的那句“赚钱可以成为一种荣耀，赚很多的钱更加可以引以为荣”传入中国后，很多有钱人就把它当成了座右铭。有的富豪甚至叫嚣：“在中国，你的富裕要让别人看得见，否则没有人会相信你真的有钱。”

一些有钱人，甚至把摆阔摆到了“国际舞台”，无论是在美国拉斯维加斯的赌城还是在澳门特区，原先出手阔绰的日本产业大鳄早已不算什么，取而代之的是一掷千金的中国大富豪，他们出手的阔绰和豪气令外国人咋舌，很是“为中国人出了口气”。

一方面是坚决否认，使劲哭穷；一方面是大肆炫耀，恨不得天下人全都知道。这两种有钱人的表现，哪种更值得我们欣赏呢？显然都不是，前一种只能给人留下虚伪的印象，后一种则会在给自身带来毁灭性打击的同时，也会给整个社会带来极其恶劣的影响。

那么，正确的态度是什么呢？

这里就得先有一个前提，就是你的钱来得光明正大，不偷不抢，不坑蒙拐骗，不是敲诈勒索，不是贪污腐败，不是偷税漏税，不是用非法手段牟利……

在这种前提下，你不必对自己是有钱人这一事实做什么掩饰或否认，因为人们对你和你赚的钱只会充满尊重，即使有些人有阴暗的想法，你也可以做到问心无愧：我的钱是多一点，但我的钱是清清白白的，这也是人们为什么尊重比尔·盖茨，痛恨贪官污吏的一个原因。当然，也不要以此为炫耀，再有钱的人，对于每一笔花费也都应该有明确的目的，不能贪图一时的安逸享乐，花天酒地，挥霍无度，影响自己的事业和人格。

最后，很重要的一点是，多一点公益心，懂得运用自己的财富回报社会，有权力或者有本事赚很多钱的人，也有义务多关心一下社会上那些还在温饱线上挣扎的穷人。钢铁巨头卡内基有句话刚好切中要害:“多余的财富是上天赐予的礼物，它的拥有者有义务终其一生将它运用在社会上”。

谁是有钱人？从某种意义上讲，中国的有钱人的确还很少。

最愚蠢的投资

投资理财并不像有些人想的那么神秘莫测、难以操作，但也不是一件能容易掌握的事情，我们不必讳疾忌医，不敢涉足其中，但也绝不能急功近利。

先来看《伊索寓言》中的这么一则故事：

狮子偶然闯进了农场，农场主想捉住它，于是关上了农场大门，将狮子困在里面。无路可逃的狮子咬死了许多羊，又扑向牛群一阵乱咬。农场主开始害怕，他担心狮子再来咬他自己，于是打开门放走了狮子。

望着满地被狮子咬死的牛羊，农场主痛心不已。他的妻子对他说：“这都是你自找的，平时听见狮子吼你都会吓得发抖，这回却要把狮子关在自己的农场里，以你的胆子，这么做可能成功吗?”

农场主没有胆子、没有力量，却还妄想捉住狮子，结果没有成功，反而付出惨痛的代价，这个不自量力的教训应当吸取。

同样的道理，现在社会上兴起投资理财的热潮，股票、基金、债券、艺术品收藏……投资项目让人们眼花缭乱的同时，也多有跃跃欲试之心。但笔者在这里要正告大家，投资理财没有错，但一定要使自己多一点儿谨慎之心，摸清门路，做好准备之后再出手，要形成良好的投资习惯，切忌毫无章法的胡乱“出拳”，否则，很可能像上面寓言中的农场主一样，狮子没捉到，反而付出惨痛代价。

那么，在投资理财的开始，哪些误区是“新人”最容易忽视的，哪些方面应该多谨慎一点，具体又该如何避免呢？

首先，尽量回避风险。

在大多数人看来，富贵荣华险中求，想赚大钱，就一定要冒大风险，这个观念在别的领域或许有一定的道理，但在投资理财时，却是一种足以致命的观念。投资时，一定要养成努力避免风险或尽量减小风险的习惯，这样在理财时才能保证不赔钱。

那么，投资理财如何避免或减少风险呢？其实只要多一点准备，多一点理智，这并不是很难办到的事情。就拿买基金来说，如果是新手，最好先弄清基金的定义、分类、风险等级、基金成本等相关知识，如果可能的话，向那些老手多讨教讨教，弄明白以后，再决定买或者不买，这样，你的投资才算是合理的。

此外，要避免或减少投资风险，投资人还应量力而行，不要涉足自己完全不懂的项目。比如，随着中央电视台《鉴宝》以及地方电视台同类节目的热播，在民间也逐渐形成了一股艺术品收藏热。但是，冷静的思考一下，你就会明白，与基金、股票、债券等投资项目相比，艺术品投资并不是取决于时间、空间或者金钱，这其中起决定性作用的是投资者的艺术修养和眼光，在这方面能力越强，投资的成功率才会越高。但事实上，很多投资者只看到了投资艺术品的巨大回报，却无视自己在这方面能力的高低，盲目投资，结果自然是要承担巨大的风险，而且多半是只赔不赚。

其次，少想着“一夜暴富”的神话。

现在，很多投资理财的书籍，都在告诉人们如何如何能赚钱、赚大钱。现实中，一些投资者尤其是新手，更是整天想着，自己把钱投进去，按规律计算什么时候就会有大把大把的钞票跑到自己口袋里。

事实上，对于投资者来说，想通过投资理财实现快速致富是一个最大的陷阱。你只有脚踏实地，一步一步往前走，一点一滴的积累经验和技巧，才能走出最合理、最科学的投资理财之路，也才能稳步积累出一定的财富。

最后，切忌盲目跟风。

在目前的理财人群中，总有这样一些人，一听到别人议论，投资什么赚钱很容易，投资什么是理财主流，便不做慎重考虑——这个项目是否适合自己，所承担的风险是否在自己可承担范围之类等，盲目的跟风买进，结果，等遇到问题时，便吃了大亏。

所以说，投资理财时一定保持清醒的头脑，并尽量多做一点儿准备，尤其是对那些“草根”理财族来说，这一点尤为重要。

投资理财并不像有些人想的那么神秘莫测、难以操作，但也不是一件能容易掌握的事情，我们不必讳疾忌医，不敢涉足其中，但也绝不能急功近利。

最后，衷心祝愿朋友们都能做一个明明白白的投资理财“圣手”。

财富就在你身边

财富虽然看起来神秘、遥不可及，但只要多用一点心去观察、去发现，那么它往往就在你身边。套用一句老话：我们身边并不缺少财富，而是缺少发现财富的眼光。

“客观环境如此，我有什么办法？现代社会，赚钱实在太难了！”

“没有机会啊！满腔抱负又有什么用！”

“创新？我也想，可哪有那么容易，说起来容易做起来难啊！”

“我只是个凡人，哪能和人家比！”

……

现实生活中，在你的周围是不是经常听见这样的抱怨？你是不是也是其中的一个？

总有人在抱怨条件不好、没有机会、没有能力、人比人气死人，可事实上，社会上总有一些看似平凡者，却创造了让人惊叹的成功。

先来看看这样一个耐人寻味的故事：

在一般人看来，拾破烂的一定是身无一技之长的庸人，想靠拾破烂成为百万富翁，无疑是天方夜谭，可事实上，真就有人做到了。

很多年前，沈阳有个叫王洪怀的人，靠拾破烂为生。某天，他突发奇想：收一个易拉罐，才赚几分钱。如果将它熔化了，作为金属材料卖，是否可以多卖些钱？

于是，他把一只易拉罐剪开，熔成一小块银灰色的金属，再花了600元到市有色金属研究所做了化验。结果发现，这一小块银灰色的金属是一种稀有而贵重的材料——铝镁合金。当时，铝锭的市价为1.4–1.8万元/吨。而一只易拉罐重18.5克，集满5.4万个就是一吨。如此算来，将之熔化后出售比直接卖掉能多赚近6倍的钱。精明的王洪怀决定回收易拉罐熔炼。

观念一变，财富不断。从捡易拉罐到炼易拉罐这一个“细小”的变化，不仅改变了王洪怀所做工作的性质，也让他的人生走上另外一条轨道。

为了多收易拉罐，王洪怀把回收价格从每个几分钱提高到每个一角四分，又将回收价格以及指定收购地点印在卡片上，向所有的拾荒人散发。一周以后，王洪怀骑着自行车到指定地点一看，只见一大片货车在等他，车上装的全是空易拉罐。这一天，他回收了13万个，足足两吨半。

向他提供易拉罐的“同行们”，卸完货仍然又去拾他们的破烂，而王洪怀却彻底变了。

通过努力，他办了个金属再生加工厂，1年内用易拉罐熔炼了240多吨铝锭，仅3年时间就收入270多万元，从一个拾荒者一跃而为百万富翁。

王洪怀的故事让人击节赞赏！一个捡破烂的人，想的却不仅仅是捡，还看到了破烂中存在的价值，并果断拿去改造，这种勇气和智慧让人不得为之叹服。

事实上，像这样的真实故事并不少见。古今中外，都有不少这样的例子。我们再来看一个垃圾变黄金的故事：

1974年，美国政府为清理给自由女神像翻新时扔下的废料，向社会广泛招标。但时间过去了好几个月，却依然没人应标。这时，正在法国旅行的一位犹太商人听说此事后，立即飞往纽约，看过自由女神像下堆积如山的铜块、螺丝和木料，未提任何条件便当场签字。不少人对此表示不解，对他的这一愚蠢行为暗自嘲笑，结果却出乎所有人的意料之外，这位犹太人不仅清理了垃圾，还使这些垃圾变成了金块。

这位犹太人便是麦考尔公司的董事长。首先，他组织工人将这些材料分类后加以利用。让人把废铜熔化，做成小自由女神铜像；接着，又把废木加工，做成木座；废铅、废铝则改造成广场的钥匙；他甚至还将灰尘出售给花店。如此一来，不仅实现了资源有效地利用，还避免了因环保问题产生的纠纷。结果，不到三个月时间，这堆废料就变成了350万美金，每磅铜的价格整整翻了1万倍。

由此我们不难看出，财富虽然看起来神秘、遥不可及，但只要多用一点心去观察、去发现，那么它往往就在你身边。套用一句老话：我们身边并不缺少财富，而是缺少发现财富的眼光。

那么，为什么还是有那么多的人追求不到财富呢？答案并不是像人们所抱怨的那样——缺少条件、没有机会、没有能力，最重要的原因其实在于他们缺乏一点创新的勇气，不善于从多个角度考虑问题。纵观那些成功者，在他们的词典里，没有“不可能”，只有不去做。突破了传统的观念，便能带来全新的行动，便能在自己的身边寻找到财富。相反，墨守成规，因循守旧者，即使身边有座金山，也不可能发现，更别提拥有了。

多一点主动寻找，多一点用心思考，多一点勇敢创新，那么你的身边到处都是财富。

你羡慕谁？

多一点

知足常乐，这是世代以来我们都颇为崇尚的一种观念，以此作为一种高尚的精神追求。如果确实能随遇而安，淡泊名利，那也未尝不是件好事，但如果是因为懒惰或者别的消极因素而以此作借口，那就实在太不堪了！无助地龟缩在黑暗的角落里，喃喃自语地说着“知足常乐”，那就是一种逃避，一种自欺欺人的懦夫行为。

来看一个流传很广的故事：

一个富人看见一个衣衫褴褛的穷人躺在大树下乘凉，就劝说他：“你这么穷，不赶快去努力工作赚钱，还躺在这里睡大觉？”

穷人懒洋洋地说：“努力工作赚钱又能怎么样？”

富人说：“那样你就可以买房子买地，吃饱喝足啦。”

穷人有说：“那又能怎么样？”

富人说：“那样你就可以像我一样，悠闲自在地休息了。”

穷人笑着说道：“我现在不就在悠闲自在地休息吗？”

富人被这个穷人给气着了，也说不过他，只好气冲冲地走开了。

从这个故事中你看到了什么？你是羡慕悠闲地乘凉的穷人还是努力工作赚钱的富人？

如果你在这个故事中看到的是知足常乐，羡慕穷人的良好心态，那么，你很可能被这个故事所误导。

我们很多传统故事都是这个立意：富人愚蠢，穷人聪明。其实，这多少有点经不起推敲：蠢笨的人为什么会富裕？聪明的人为什么会贫穷？看来，这些多半是有些仇富心理的穷人编出来的。

为了能更好地说明问题，我们再来看一个类似的故事：

很久以前，有两个年轻人结伴来到一个地方开荒。为了叙述方便起见，我们分别以甲和乙来称呼他们。

甲同第一个故事中的穷人很像，他只开垦了一亩地。因为在他看来，既然一亩地所产的粮食足够自己吃了，就不必多费力气，剩下的时间不如舒服地睡懒觉、晒太阳。乙则不同，他不满足于开垦一亩地，而是尽可能多的开垦，自然他没有甲那些悠闲自在。

一次，吃饱了饭在闲溜达的甲看到乙挥洒着汗水辛勤劳作，便说道：兄弟，何必累着自己呢，人生苦短，行乐及时啊。吃不过一张嘴，睡不过一张床，你何苦要做这么多呢？

乙笑了笑，说道：劳动本身就是一种享受，一种快乐。最重要的是人生要活出自己的价值来，我并不是贪得无厌，而只是想活出自己的精彩。

结果，甲和乙谁也没有说服谁。时光如箭，甲的日子没有丝毫变化，仍旧活的那么“恰到好处”。而乙呢，他除了自己吃喝用度外，还将多产出的粮食卖给别人，把开垦出的一些荒地租给别人，以此积累了不小的财富。不久，他来向甲告别——他想去外面闯闯，甲满脸不屑地送走了他。

六年后，乙回来了，开着名贵的轿车，他去见了老朋友甲，向他描述了自己的经历：这几年，我走遍东南西北，领略过大漠落日，欣赏过西湖十景，见识过南海碧浪，敬拜过布达拉宫，感受过各种各样的风土人情，做了很多有意义的事情，当然钱也赚了不少。朋友，我现在充分地认识到：世界真的很大，真的很美好，生命也真的可以很精彩。

已经有些未老先衰的甲还是重复着以前的日子，听着乙的描述，他呢喃着那句老话：知足者常乐。可眼神里却有着明显的憧憬，声音也小的只有他自己能听见。

与甲相比，乙拥有的物质资本不占任何优势，他之所以能取得成功，就是比甲多了一点儿不甘平庸的野心，多了一点儿辛勤的努力，多了一点儿对未来的勇敢开拓。

就这两个故事来说，第一个明显有些偏向穷人，讽刺富人的意思，这从讲故事者所选取的角度就可以看出来：穷人悠闲乘凉的生活片段，而不是更多的穷人狼狈不堪的时刻；第二个则纯粹为我们指出了如何对待财富和人生的问题，对“知足常乐”，一点也不肯多干的甲以最现实的打击。

如果看了第一个故事，我们还可能会羡慕“知足常乐”的穷人的话，那么，第二个故事则明明白白地指出了这种羡慕的错误。

知足常乐，这是世代以来我们都颇为崇尚的一种观念，以此作为一种高尚的精神追求。如果确实能随遇而安，淡泊名利，那也未尝不是件好事，但如果是因为懒惰或者别的消极因素而以此作借口，那就实在太不堪了！无助地龟缩在黑暗的角落里，喃喃自语地说着“知足常乐”，那就是一种逃避，一种自欺欺人的懦夫行为。

此外，知足常乐固然不错，但关键问题在于人生是否活出了价值。当然，多一点物质财富，多一点的人生阅历，并不一定就代表活出了人生的价值，但至少我们在这个过程中做出了尝试付出了努力，毕竟现代社会，赚钱可不是那么容易的事，能有勇气闯荡天下的人也不多，而且在这个过程中，我们很容易找到自己的人生目标，因为有了多一点的时间和空间，就比如第二个故事中的乙，通过奋斗认识到了世界的美好和生命的精彩。相反，在没有尝试，没有努力，没有奋斗之前，就抱着自己的一亩三分地，整日喊着知足常乐，那就阿Q了，说的难听一些，这样的人生无异于行尸走肉。

记住：知足常乐也是需要资本的。

月光光，心慌慌

多一点

“月光族”看似“潇洒”的消费方式，是非常不利于个人事业的发展和生活的持久品质的。没有储蓄观念、消费计划并且不能控制消费欲望，这些“月光族”的致命伤迟早会将其拉入到生存困境之中。

月光光，心慌慌。这本是一部电影的名字，拿来形容当下职场中的“月光”一族却正是应景。

何谓月光族？

泛指职场中，每月发了工资，就把它吃光、喝光、玩光，花钱没有计划的人。

加入月光族的条件很简单：工资月月光，不剩一分，只许负债，不可盈余。

月光族所信奉的是“挣多少花多少”。他们有钱时什么都敢玩，什么都敢买，没钱时便一贫如洗，艰难度日，拿着丰厚的薪水，却打起贫穷的旗号。

月光族的口号是“心无杂念享受现在”，超前消费是他们执著追求的生活理念。

在某些人眼中，“月光族”是潮流的象征：他们永远站在时尚的最前沿；拉大了供求关系，推动了市场经济繁荣；银行没有存款，反而避免了利率下调带来的不快；强烈的好奇心，勇于尝试新的东西，是走在时代前端的摩登人物；生活有明确的目标、生命有十足的动力……

调查发现，“月光族”大多是刚进入职场的年轻人，且多是上个世纪八十年代前后出生的独生子女，生活态度多是“潇洒走一回”。

以上就是“月光族”的基本概况，初看上去，没什么不对，且还有那么一点积极意义。但事实上并不是那么一回事。那些所谓“潮流的象征”之类多是商家为了鼓励产生更多的“月光族”而做的广告语，好听的谁都会说，况且表面上看去，月光族的确是够潇洒。

但事实上，“月光族”看似“潇洒”的消费方式，是非常不利于个人事业的发展和生活的持久品质的。没有储蓄观念、消费计划并且不能控制消费欲望，这些“月光族”的致命伤迟早会将其拉入到生存困境之中。

另一方面，“月光族”大多是刚参加工作不久的职场新人，年轻人消费总是比较冲动，很多不必要的开支积少成多就会成为他们的负担，就像滚雪球一样，越滚越多造成恶性循环。

此外，不少“月光族”工资并不高，却习惯于追求名牌和赶潮流，从而陷入一种盲目攀比的欲望怪圈。很多时候，即使没有消费能力，他们也不惜“打肿脸充胖子”，超支消费甚至借钱消费，年纪轻轻的就成为“负翁”。

来看这样一则实例：

小A曾是一名典型的月光族，就在不久前，他的消费都还是“月光光”。但一次尴尬的经历却让他一下子惊醒了，认识到了这其中的危害，并最终告别了“月光族”。小A坦言：“那件事之后，我终于明白什么叫做一分钱难倒英雄汉，也深刻体会到‘月光光’带来的恶果。”

那是一个阳光明媚的中午，他去一家餐厅去吃饭，可到结账时才发现自己的钱根本不够付账。尴尬之下，他壮着胆子对老板说自己因换衣服忘带钱了，自己是常客，能不能给个面子，先赊账，下次再给。可老板头却说了一句：本店谢绝赊账，满脸都是揶揄讽刺的神色，似乎在说“没钱，你吃什么饭啊”。

“那一刹那，要是有个地缝我就真钻进去了。最后还是把手机押在那里，向同事借钱才解决了此事……”小A叹息道。

事实上，不仅对个人事业的发展和生活的持久品质不利，从责任与义务的角度出发，“月光族”的行为也是令人担忧的，因为，一般来说，他们未来不仅要赡养四位长辈，还要抚养一个子女，而子女的成长、教育、健康等各个方面的费用都是一笔不可小觑的数目。所以，今日的潇洒轻松，所带来的很可能是明天的压力重重。

当然，有些人之所以成为“月光族”并不是自愿的，毕竟，干什么事情都是要花钱的。但不管怎么说，对于“月光族”来讲，多一点自我克制的意识和理性消费的观念是非常必要的。那么，具体该如何着手呢？其实只要有意识的养成一点简单的理财观念，告别“月光族”的行列并非难事。在这里提几点建议，供大家参考：

一、有计划的消费

分析哪些是弹性支出（可花可不花的开支），哪些是刚性支出（生活必需开支，花费每月基本固定）。每个月先规划再花钱，严格控制不该有的弹性支出，而不是先花钱有剩余了才规划。每月做到把工资的1/3或1/4固定纳入个人储蓄计划，最好办理零存整取。这样做，储额虽占工资的小部分，但从长远来算，一年下来就有一笔不小的存款。

二、良好的投资意识

在有计划消费的同时，也要形成良好的投资意识，现代社会，投资才是增值的最佳途径。根据你自己的特点和情况做出相应的投资计划，如股票、基金、收藏等。这样的资金“分流”可以帮助你克制大手大脚的消费习惯。这里值得一提的是，在开始经验不足时最好进行小额投资，以降低投资风险。

三、交友有道

近朱者赤，近墨者黑。一个人的交际圈对他的消费行为有着很大的影响。如非必要，不要选择与那些以胡乱消费为时髦，以名牌满身为面子的人交往。否则，就很可能被这些人同化。

四、自我克制

年轻人大都喜欢逛街购物，而且往往很难控制自己的消费欲望。因此，在逛街前要先想好这次主要购买什么和大概能花费多少，现金不要带的太多，也不要肆意刷卡消费。要做到心中有数，不要见到什么好东西都想买。

五、玩乐有度

年轻人的天性之一就是喜欢玩乐，适当的玩乐无可厚非，毕竟爱玩是年轻人的天性之一。但一定要注意个度字，不要把大好时光都用在玩乐上，应该多注意学习和培养有益于人生的东西，否则，不仅会造成大的开支，而且容易消磨意志。

总之，在人生成长的关键阶段，作为一个年轻人，应该多一点理性的克制，万不可无计划的胡乱消费，做一个“月光族”，看上去很潇洒，事实上却是拿一生的幸福换取暂时的疯狂，是最不理智的行为。远离或者告别月光族，你的人生才能重新步入正轨。

你的财富是什么色？

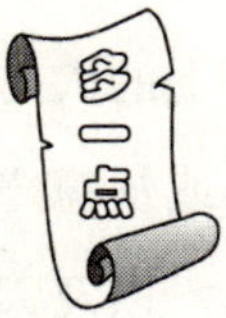

你活着的每一天，都应该努力地去追求财富。只要你取得的财富是正大光明的，你会得到所有人的尊敬与赞扬。

财富本身是没有颜色的，但由于追求财富方式的不同，使财富有了许多不同的颜色，对此，有经济学者将其归为以下四种：

金色：运用自己的知识和智慧光明正大地追求到的财富。

红色：用勤劳的汗水换取的财富。

灰色：通过所在的位置和手中的权力索取的财富。

黑色：这个不需要多说，大家都能明白。

中国二十多年的市场经济，已经催生了数量庞大的各类财富拥有者，但如果以色彩分之，无外乎这几种颜色。

长久以来，人们对富豪所追求财富的方式始终保持着高度的兴趣，各种讨论和评价不绝于耳——非议、羡慕、惊叹、嫉妒、佩服、质疑……对于金色和红色这样阳光下的财富，人们是心怀敬意的，将其当作致富的榜样；而对于灰色和黑色的财富，人们则在质疑的同时，渐渐形成了一种仇富心理。(当然,这只是仇富心理形成的一个原因,为富不仁,通过财富做一些损人利己的事情,即使你的财富是“金色”或者“红色”的,同样会招致仇视。)

这就好比大家都在挤一辆公交车。座少人多，大家又都很着急，所以非常拥挤，秩序也不是很好。开始时还有人排队，但总有人打乱秩序。有人凭着年轻力壮往前挤，有人“急不择路”甚至从窗户里钻进去——总之是什么表现都有。一会儿便有了两个世界：车上的世界和车下的世界。有了两种人：车上的人与车下的人，也就是那些或排队、或身强力壮挤了上去、或从窗户钻进去、或认识售票员司机拿着条子开后门上了车的人，以及因各种原因没有上了车的人。

没有上去的时候，大家都着急，希望自己能上去，希望车上还有座位还有站立的地方；但多数的人在自己一上车之后就希望车门关闭，不管车上的情况与车下的情况——车上的人越少，车下的人越多，则自己的优越感就越强。

在车上，也会有些许的微妙。等从刚上车的喜悦和满足中冷静下来后，没有座位的开始“不怀好意”地盯着坐在自己身边的人，希望他尽快下去；座位不是很好的人也希望在行程中有机会调整座位：靠着窗户看更多的风景或者是坐到前边去。

车下的人看车上，那目光和心态就更复杂了。对于堂堂正正的君子，有敬佩；对于身强力壮挤上去的，有羡慕；对于从窗口钻进去的，有无奈；对于拿条子开后门者，有仇恨！

自己下一步该怎么办呢？效仿哪一种人呢？学君子吧，怕难敌小人；学小人吧，放不下身价和面子；学暴徒吧，又怕警察赶到；找条子吧，恐怕没有那个路子……

如果把这辆公交车定义为“富人俱乐部”，那么可以说：不管以什么手段上了车的人，已经成为了富人的一员；而尚未上车的人们，则不幸要被称为“劳苦大众”了。

车下的人如何看待车上的人，是通过他们上车的手段。那么，穷人或者说还不算富的人如何看待富人，道理也是一样，很主要的就是通过他们致富的手段。

财富的颜色问题，说穿了其实就是一个致富手段的问题。那么，该通过什么手段致富呢？

对此，世界首富比尔•盖茨曾做过这样的建议：“你活着的每一天，都应该努力地去追求财富。只要你制造的财富是正大光明的，你就会得到所有人的尊敬与赞扬。”

为什么要说“光明正大”呢？因为灰色和黑色的财富虽然会来得很快，但毕竟承担着巨大的风险，而且随着法律的健全，这样的机会会越来越少，打击力度也会越来越大。即使你侥幸赢得财富，也不会享用的踏实，很可能东窗事发，锒铛入狱。此外，心灵的谴责和人们那种复杂的目光，也会让你困守在“财富”的牢狱之中。

所以说，在追求财富时，我们一定要多慎重一点，要使自己的财富可以光明正大地拿到阳光下，这样做不只是为了社会的正常发展和给公众一份交代(这个是很有必要的，在经济高速发展带来巨额财富的时代，人们关注富豪财富的来源，是财富得以保持正义的必要监督)，也是为了自己的安全和幸福。

你的财富是什么颜色？请多问问自己。

最见效的存钱方法

多一点

在面对让你心动的商品时，你会一冲动买下来；跟朋友吃顿饭，该花几十的你花了几百，等等，都是很不好的习惯。像这样，怎么能存下钱来，可是，如果没有一个坚定的事业目标，要纠正这种坏习惯，克制这种消费，是很难成功的。

现在社会上一些年轻人薪水并不低，也有着存钱或者投资理财的意识，但奇怪的是，一年到头，总是存不下多少钱。原因在哪里呢？

先卖个关子，来看一个颇具传奇经历的创业故事：

日本麦当劳连锁店的创始人叫藤田田，他的创业经历被众多商界人士所称道。藤田田1965年毕业于日本早稻田大学经济学系，随即在一家大电器公司打工。1971年，他开始创立自己的事业，经营麦当劳生意。麦当劳在当时就已经是著名的品牌，采用的是特许连锁经营机制，门槛很高，要取得特许经营资格是需要具备相当财力的。

当时的藤田田只是一个才出校门几年、毫无家族资本支持的打工一族，并不具备麦当劳总部所要求的75万美元现款和一家中等规模以上银行信用支持的苛刻条件。只有不到5万美元存款的藤田田，看准了麦当劳在日本的巨大发展潜力，决意要不惜一切代价在日本创立麦当劳事业，于是绞尽脑汁东挪西借起来。但几个月下来，也只借到几万美元，仍存在着巨大的差距。藤田田只好再去银行碰碰运气。

藤田田来到了住友银行，并设法见到了总裁。在耐心细致地听完他的表述之后，银行总裁作出了“你先回去吧，让我再考虑考虑”的决定。

藤田田知道对方在应付自己，这在他的意料之中。他恳请总裁再多听他说几句。他问:“先生可否让我告诉你我那5万美元存款的来历吗?”

回答是，可以。

“那是我六年来按月存款的收获，”藤田田说道，“六年里，我每月坚持存下1/3的工资奖金，雷打不动，从未间断。六年里，无数次面对过度紧张或手痒难耐的尴尬局面，我都咬紧牙关，克制欲望，硬挺了过来。有时候，碰到意外事故需要额外用钱，我也照存不误，甚至不惜厚着脸皮四处告贷，以增加存款。这是没有办法的事，我必须这样做，因为在跨出大学门槛的那一天我就立下宏愿，要以10年为期，存够10万美元，然后自创事业，出人头地。现在机会来了，我一定要提早开创事业……”

藤田田一气儿讲了10分钟，总裁越听神情越严肃，并向藤田田问明了他存钱的那家银行的地址，然后对藤田田说:“好吧，年轻人，我下午就会给你答复。”

送走藤田田后，总裁立即驱车前往那家银行，亲自了解藤田田存钱的情况。柜台小姐了解总裁来意后，说了这样几句话："哦，是问藤田田先生吗，他可是我接触过的最有毅力、最有礼貌的一个年轻人。六年来，他真正做到了风雨无阻地准时来我这里存钱。老实说，这么严谨的人，我真是要佩服得五体投地了!"

听完小姐介绍后，总裁大为动容，立即打通了藤田田家里的电话，告诉他住友银行可以毫无条件地支持他创建麦当劳事业。藤田田追问了一句："请问，您为什么要决定支持我呢?"

总裁在电话那头感慨万端地说道："我今年已经58岁了，再有两年就要退休，论年龄，我是你的两倍，论收入，我是你的30倍，可是，直到今天，我的存款却还没有你多……我可是大手大脚惯了。光说这一句，我就自愧不如，敬佩有加了。我敢保证，你会很有出息的。年轻人，好好干吧!"

藤田田的存钱方式是否让你有所启发呢？我们一些年轻人之所以在薪水并不低，也有存钱意识的情况下，不能多存点儿钱，原因就在于心中缺乏一个坚定的事业目标做支柱。如果心中没有一个坚定的事业目标，那么一个人的工资收入再高，也很难积攒下什么钱。

在面对让你心动的商品时，你会一冲动买下来；跟朋友吃顿饭，该花几十的你花了几百，等等，都是很不好的习惯。像这样，怎么能存下钱来，可是，如果没有一个坚定的事业目标，要纠正这种坏习惯，克制这种消费，是很难成功的。

比如上面故事中的总裁，虽然是一个高收入的银行家，而且工作了几十年，临近退休，但存款却还不如藤田田这个刚出校门不久，工资收入远比他低的技术人员多。个中原因，就是藤田田心中有个远大的目标，一直想着开创自己的事业，他眼前的收入除了满足最基本的生活需求外，都被他赋予了投资未来的使命。对未来的期望越殷切，他今天储蓄的信心就越坚定，日积月累，他竟然也有了一笔不算菲薄的原始资本——尽管离麦当劳的高门槛还有很大的距离，但已经很难能可贵了。而且，在这个过程中，藤田田的意志品质得到了充分的考验和锻炼，这让他赢得了许多人的尊重，也转化成了他原始资本之一。

再看那位总裁的感叹，确实让人有同感：数十年的高收入，怎么就没有存下钱呢？我们应该引以为鉴。

想有效的存钱，或者说投资理财之前一定要先给自己树立一个远大的目标，以其为支柱，一点一点的向这个目标迈进，你会发现，想多存点钱并不是那么难，更重要的是，成功也会在离你不远处招手。

第六章　说话的艺术多学点

说话的艺术是一门博大精神的艺术，也是追求成功必备的条件之一。

生活中，有些人不会说话，空有一身不凡的能力，却失去了许多成功的机会，还给自己平添了许多头痛不已的麻烦，这样的例子数不胜数。如何避免说错话，如何才能说好话，本章所要告诉你的正是学习说话艺术的有效途径。

跟谁抬杠？

多一点

抬杠的对象虽然是别人，但事实上是自己跟自己较劲，自己跟自己抬杠，自己找罪受。结果，无非有两种：说不过别人，受一肚子闲气；杠抬的好，给别人一肚子气，却留下不好的影响，甚至导致别人的敌视。

有时或许是出于自尊，但更多时候是意气之争。有些人就是喜欢与别人在口头上争个长短，只要搭上话就针锋相对，无论别人说什么，他都加以反驳，即使错了，也死不认账，也绝不服软。殊不知，这种做法其实是自己跟自己抬杠。你或许能以此赢得口头上的胜利，但却不能得到任何实质上的利益，相反还会招人嫌，惹人怨，给人际交往带来极大的麻烦。

来看这样一则关于抬杠的典型例子：

医生在门诊时接触了一位病人。

医生说："请坐。"

病人说："为什么要坐呢？难道你要剥夺我不坐的权利吗？"

医生无可奈何，倒了一杯水，说:“请喝水吧。”

病人说:“这样谈问题是片面的，因而是荒谬的，并不是所有的水都能喝。例如你如果在水里掺上氰化钾，就绝对不能喝。”

医生说:“我这里并没有放毒药嘛！你放心！”

病人说:“谁说你放毒药了呢？难道我诬告你放了毒药？难道检察院起诉书上说你放了毒药？我没有说你放了毒药。而你说我说你放了毒药，你这才是放了比毒药还要毒的毒药！”

医生毫无办法，便叹了一口气，换了一个话题说:“今天天气不错。”

病人说:“纯粹胡说八道！你这里天气不错，并不等于全世界都是好天气。例如北极，今天天气就很坏，刮着大风，漫漫长夜，冰山正在撞击……”

医生忍不住反驳说:“我们这里并不是北极嘛。”

病人说:“但你不应该否认北极的存在。你否认北极的存在，就是试图歪曲事实真相，就是别有用心。”

医生说:“算了，你还是走吧。”

病人说:“你无权命令我走。这是医院，不是公安机关，你不可能逮捕我，你不可能枪毙我。”

医生：……

显然，这位病人就是个典型的“杠头”。我们在看这个故事的时候，可能啼笑皆非，可能为病人的“好口才”赞叹不已。但如果设身处地的想一想，医生在遭遇到这种无理的病人后，心情会怎么样，你是来看病的，他嘴上说不过你，手上总斗得过你吧。即使他有良好的职业道德，心情受到这样的影响，谁能保证他不会开错药、动错刀？

这虽然很可能是一则虚构的故事，但生活中类似的例子却屡见不鲜。抬杠的对象虽然是别人，但事实上是自己跟自己较劲，自己跟自己抬杠，自己找罪受。结果，无非有两种：说不过别人，受一肚子闲气；杠抬的好，给别人一肚子气，却留下不好的影响，甚至导致别人的敌视。

所以，一般来说，如果是比较重大的事情或者原则性问题，应该坚持己见。否则，最好不要做无谓的口舌之争，人活一口气，但那口气绝对不是毫无意义的闲气。必要的时候，在口头上少一点无谓的较真儿，多一点合理的退让，语气放柔和一点，不去抬杠，反而能得到最好的结果。

来看这样一则实例：

有一位所得税顾问巴森士与一位政府稽查员因为一项9000元的账单发生的问题争辩了一个小时之久。巴森士先生声称这笔9000元的款项确实是一笔死账，永远收不回来，当然不应该纳税。“死账，胡说!”稽查员反对说，“那也必须纳税。”

巴森士先生在讲述他的故事时，说他对这位稽查员的印象是冷淡、傲慢而且固执。理由对他来说是毫无用处的，事实也没有用。最后巴森士先生考虑良久之后认为辩论地越久越激烈可能会使这位稽查员越顽固，所以他决定避免争论，改变主题，给他赞赏。

于是，他对这个稽查员说:“我想这件事情与你必须做出的决定相比，应该算是一件很小的事情。我也曾经研究过税收的问题，但我只是从书本中得到了知识，而你是从你的工作经验中得到的，我有时愿意从事像你这样的工作，这种工作可以教会我很多书本上学不到的东西。”

在讲这些话的时候，巴森士先生尽量显得真心诚意。听完巴森士先生的话，那个稽查员从椅子上挺起身来，向后一靠，讲了很多关于他的工作的话，以及他所发现的巧妙舞弊的行为。他的声调渐渐地变为友善，片刻之后他又讲起他的孩子来。当他走的时候，他告诉巴森士他要再考虑那个问题，在几天之内，给他答复。三天之后，稽查员来到巴森士先生的办公室里告诉他，已经决定按照巴森士先生所填报的税目办理，也就是说把那9000元做为死帐处理。

充满智慧的老富兰克林常说："如果你辩论，争强或者反对，你有的时候可能获得胜利；但是这种胜利是空洞的，因为你再也得不到对方的好感了。"

人就是这样，你越是想和他争论，他就越有可能一味地和你抬杠，以求使自尊心得到满足。相反，多一点宽容和理解，将争论转化为讨论，问题往往能得圆满的解决。

流言之毒猛于虎

多一点

是非长短、流言蜚语，人们争相用口传播，而我们即使听到了，也仅仅是一笑置之，所谓“流言止于智者”也，不应该再去散布；争奇斗艳、纷纷攘攘的热闹场合，大家都趋之若鹜，我们不妨清净独处，袖手旁观。

流言之毒，足以戕人。对电影史有点了解的人应该知道，上个世纪二三十年代，红遍全中国的著名影后阮玲玉的死就是缘起于流言。

三人成虎，流言的可怕比老虎还厉害。

当年孔大圣人有个徒弟，叫做曾参，在当时是有名的贤者。

一次，在他老家有个跟他同名同姓的家伙杀了人，被当时的官府通缉。于是就有好事者跟曾参他娘说：“你家曾参杀人了！可能会牵涉到你，你赶紧逃吧！”

曾参的娘很相信自己儿子的为人，言道：“不要胡说八道，你儿子才杀人呢，给我出去！”根本没将其当回事，继续在家里劳作。

不久，又有邻居来跟他娘说："千真万确，你家孩子的确是杀人了！通缉令都贴满墙了，上面说罪名很大，株连九族了！你还是抓紧时间跑吧！"为了让曾参他娘相信，还拿了张通缉令给她看。

正所谓关心则乱，曾参他娘一看那名字一模一样，当时也忘了她儿子有多么好的名声：德行多么多么高尚、心地多么多么善良，更忘了天下同名同姓的人有的是。一看到通缉令，心里立马翻了个儿？心说：这畜生竟然干出这种事情来，我还是赶紧逃吧！于是，随便带点干粮就逃走了……结果，真相大白后，曾母自然成了人们茶余饭后的笑料。

亲生的母亲，听多了流言，也会信以为真地认为儿子杀了人，流言的可怕可见一斑。

那么，流言又是如何来的呢？

西方有这样一句名谚，点出了流言的来源方式：流言造成伤害至少需要两个人的合作：你的敌人诋毁你，你的朋友转告你。

有人做过这样一个试验：

二十个人围成一个圈，随机指定其中一人为龙头，由他想一句话，低声转述给左边一人，此人再向左传，依次类推，等这句话再传回龙头耳中时，与他原先说出那句话早已大相径庭，不知所云了。所谓流言，很多时候就是这样产生并渐被加工、失真的，二手传播不可信的另一个原因还在于，我们无法确定当事人是怎样说的，这一点很重要，语气神态不同，意思也就大为不同。

比方说有这样一句话：

"我"没说她偷了我的钱。（可是有人这么说）

我"没"说她偷了我的钱。（我确实没这么说）

我没“说”她偷了我的钱。（可是我是这么暗示的）

我没说“她”偷了我的钱。（可是有人偷了）

我没说她“偷了”我的钱。（可是她对这钱做了某些事）

我没说她偷了“我的钱”。（她偷了别人的钱）

我没说她偷了我的“钱”。（她偷了别的东西）

从头到尾一字不差的一句话，语气、神态、声调不同，就会有如此不同的含义。因此对于道听途说来的话，万不可胡乱散播，一传十，十传百，每个人都有不同的理解，不同的阐述方式，真相到最后难免会被扭曲。

北宋大政治家王安石在《致一论》中说道：“以小善为无益，以小恶为无伤，凡此皆非所以安身崇德也。”王安石劝诫人们不要胡乱地散播流言蜚语，但现实生活中，这样的人不在少数，他们或许只是将其当作茶余饭后的消遣，但却往往对别人造成了极大的伤害。

记得年少的时候，喜欢看金庸先生的武侠小说，对《倚天屠龙记》中张无忌的母亲殷素素和绍敏郡主赵敏的印象非常深，殷素素临死前的一句话，让六大派互相猜忌倾轧十几年，让人感受到流言的厉害；而对于赵敏，除了她的聪明与痴情外，还有这样一句话让人记忆深刻：“世上之事，除非亲眼目睹，不可妄听人言，更不可自己胡思乱想！”这句话可以说是对待流言的一个基本态度。

事实上，对待流言的正确态度除了多一点儿清醒，做到不信外，还要多一点儿自制，做到不传。

金缨是清代大学者，其编著的《格言联壁》广泛流传，影响甚广。他曾写过这样一个意味悠长的对联：“是非窝里，人用口，我用耳；热闹场中，人向前，我向后。”

的确，是非长短、流言蜚语，人们争相用口传播，而我们即使听到了，也仅仅是一笑置之，所谓“流言止于智者”也，不应该再去散布；争奇斗艳、纷纷攘攘的热闹场合，大家都趋之若鹜，我们不妨清净独处，袖手旁观。

不是说一定要消极避世，但确实应该多一点淡雅的情趣和宽大的胸怀，这样，生活才会平静许多，麻烦也才会少去许多。

最完美的说话艺术

说话没有一成不变的规矩，具体问题，具体分析，不同的事情有不同的说法。要想说得好，您还真得跟此中高手多学着点。

有人问美国前国务卿鲍威尔，他获得成功的秘诀是什么，鲍威尔想了想说：“我的成功秘诀是：急事慢慢地说，大事想清楚再说，小事幽默地说，没把握的事小心地说，做不到的事不乱说，伤害人的事坚决不说，没有发生的事不要胡说，别人的事谨慎地说，自己的事怎么想就怎么说，现在的事做了再说，未来的事未来再说。”

鲍威尔的话是否是成功的秘诀，我们不敢打保票，毕竟说话只是成功的一部分，它是鲍威尔成功的秘诀，因为他干的就是“耍嘴皮子”的事，但并不一定适合于每一个人。

不过，如果单纯从说话的角度讲，鲍威尔的这段话的确是体现了最完美的说话艺术。如何理解呢？我们分开来看：

急事慢慢地说。

急则生乱，所以无论有什么急事，最重要的是先使自己保持镇静，你可以收缩腹肌，或者深呼吸，放慢语速，尽量地把事情说清楚。试想一下，事情本来就很急了，如果你还不能说清楚，那不是更容易误事吗？当然，急事慢慢地说不是一件易事，刚开始的时候可能不会有成效，但只要你坚持下去，相信过不了多久，就会做到“泰山崩于前而面色不改”了，最重要的是要对自己有信心，相信自己一定能说清楚，自我暗示是非常重要的。

大事想清楚再说。

既然是大事，必然会牵涉到很多方面，一个方面没说到位，就可能坏事。所以大事一定要想清楚再说：理清事情的头绪，分清轻重缓急，考虑好如何开口，如何陈述，细节性的东西也要考虑到。

小事幽默地说。

小事看起来无关痛痒，但既然要说，也就应该注意方式。幽默地说出来，能创造良好的交流氛围。而且因为是小事，对方不会太在意，如果是直白地说，对方很可能左耳朵进右耳朵出，幽默地说，则能让对方在会心一笑的同时，听进你的话。

没把握的事小心地说。

其实，没把握的事如非必要，还是不说为好，否则很容易给自己带来麻烦。实在要说的话，那就应该小心为上，要保持适度弹性，多用一些中性的、不确定的词语，“犹抱琵琶半遮面”是最理想的一种效果。这样既给自己留下了余地，不会搬起石头砸自己的脚，也不会得罪人。不过需要注意的是，牵涉到原则性的事情，就不能一概而论了，要区别对待。

做不到的事不要乱说。

正所谓言必行，行必果。讲话一定要算数，说到就要做到，这样才能服人。乱开空头支票，可能赢得别人一时的期望和尊重，

但当你不能实现时，等待你的会是失望和轻视。更为关键的是，这样做会对自己的自信心产生致命的伤害。

伤害人的事坚决不说。

伤害人的事说出来，多半就是害人害己。你想想，你说的事伤害了人家，人家会高兴？伤害小的，或者碰到比较大度的人，可能不会和你计较，但心里肯定会对你产生不好的看法；更有些人，会对你怀恨在心，伺机报复，所谓明枪易躲，暗箭难防，说不定什么时候你就得着他的道。所以，伤害他人的事坚决不能说。

没有发生的事不能胡说。

对于没有发生的事情，你可以做出推测，但一定要有理有据，至少能自圆其说，不能不负责任地胡说一起，否则，只会成为笑柄。

别人的事谨慎地说。

别人的事，作为旁观者，很难说的准确无误，稍微一大意，就可能说错，乃至演变为流言，对别人造成伤害，所以一定要多加谨慎。

自己的事怎么想就怎么说。

套用一句广告词，“我的地盘我做主”，自己的事情就要对自己负责，一定要有主见，不能人云亦云。正确的做法是怎么想就怎么说，这样别人才能站在你的角度考虑你的事情。给你提出建设性的意见。

现在的事做了再说。

就要做的事情，说的再花也没用，还得手底下见真章，做好了，你天花乱坠地大说一通，别人也多半会给你大声喝彩；做不好，你则可以深刻地做一个检讨，因为你没有在事前说大话，人们大多会体谅和帮助你。

未来的事未来再说。

未来的事，可以想，可以谋划，但最好不要过多的说出口，要说就自己说给自己，因为未来往往充满着不确定性，尤其是一些太过具体的事情，谁敢打保票？未来的事现在说，很可能影响自己，也很可能误导别人。

说话没有一成不变的规矩，具体问题，具体分析，不同的事情有不同的说法。要想说得好，您还真得跟此中高手多学着点。

生活中，你可能会发现，有些人说话完全与上面的这些不同，却也混的不赖。但正所谓有比较才有提高，仔细感受一下，你就会认识到鲍威尔的说话艺术无疑是最为准确、最为完美的。中西文化之间是有差异，但在如何做人，如何说话上，道理却都是都是相通的。这些说话艺术可能不完全适合你，但以此尽量多一点的要求自己，那么，在说话时虽不能说得天衣无缝、滴水不漏，但至少不会出现大的差错。

敢不敢大声说“不”

多一点

有意牺牲自己而帮助别人的人是一个高尚的人，但许多人却在无意中不自觉地牺牲自己而迎合别人，这些人是失去自我的人。大声地说“不”，是我们必须经历的一个心理关口。

先来看这样一篇小文章：

汉斯刚参加工作不久，姑妈来到这个城市看他。汉斯陪着姑妈把这个小城转了转，就到了吃饭的时间。

汉斯身上只有20美元，这已是他所能拿出的招待对他很好的姑妈的全部资金，他很想找个小餐馆随便吃一点，可姑妈却偏偏相中了一家很体面的餐厅。汉斯没办法，只得随她走了进去。

俩人坐下来后，姑妈开始点菜，当她征询汉斯意见时，汉斯只是含混地说：“随便，随便。”此时，他的心中七上八下，放在衣袋中的手紧紧抓着那仅有的20元钱。这钱显然是不够的，怎么办？

可是姑妈一点儿也没注意到汉斯的不安，她不住口地夸赞着这儿可口的饭菜，汉斯却什么味道都没吃出来。

最后的时刻终于来了，彬彬有礼的侍者拿来了账单，径直向汉斯走来，汉斯张开嘴，却什么也没说出来。

姑妈温和地笑了，她拿过账单，把钱给了侍者，然后盯着汉斯说："小伙子，我知道你的感觉，我一直在等你说不，可你为什么不说呢？要知道，有些时候一定要勇敢坚决地把这个字说出来，这是最好的选择。我这次来，就是想要让你知道这个道理。"

这个故事是否让你也想起类似的切身感受呢？

很多时候，我们会处于一种"心有余而力不足"的尴尬境地，或者是碍于情面而不得以地去做一些自己颇不以为然的事情。在这种时候我们往往更多地在意别人的看法而牺牲自己的感受。有意牺牲自己而帮助别人的人是一个高尚的人，但许多人却在无意识中不自觉地牺牲自己而迎合别人，这些人是失去自我的人。大声地说"不"，是我们必须经历的一个心理关口。

再来看这样一个故事：

有一家医院，一个年轻的护士学员第一次担任责任护士，如果此次手术后她被外科医生评定合格，那么她将获得合格的护士证书。

复杂艰苦的手术从清晨进行到黄昏，终于手术接近尾声，主刀的外科专家即将缝合患者的伤口，女护士突然严肃地盯着他说："大夫，我们用了10块纱布，您只取出了9块。"外科专家道："这不可能，我已经都取出来了，你不要妄加判断。""不会的！"女护士坚持抗议，"我记得清清楚楚，手术中我们用了10块纱布。"外科专家不耐烦地说："我是医生，我有权决定缝合伤口！"女护士毫不退让，她大声道："正因为您是医生，您更不能这样做，况且我们都要对患者负责!”

这时，外科专家严峻的脸上才泛起了欣慰的笑容。他举起左手心儿里握着的第10块纱布道:“你是正确的，你是一个合格的护士。”

无论我们面对的是谁，都不能丧失自己，只要是正确的，就应该坚持到底，并鼓起勇气说“不”。否则一旦寻求别人的认同、赏识和赞赏成为你的一种需要，并久而久之形成一种潜意识的习惯，要想做到保持自我并逐渐进步就很困难了，而且你很容易失去在这个社会上的位置。如果你非要得到别人的夸奖不可，并常常向他人做出这种表示，那就没有人愿意坦诚相见了。有些人虽然会奉献出他们的赞美之辞，但其内心未必对你有什么好感。同样，你也很难明确地阐述自己在生活中的想法，你会为了迎合他人的观点与喜好而放弃你的观点，甚至牺牲自己行地价值。

所以说，当你不愿意时，就要敢于大声地说“不”。

当然，这不是件容易的事，你不妨从小事做起，尽量把自己塑造成一个有原则性的人，这样，时间一长，便能自然掌握住分寸，在说“不”的同时，不致使场面搞的太僵。

指手画脚的子路

多一点

与人说话时，指手画脚，信口开河，只考虑自己的感受，导致别人下不来台，面子难堪，别人是很难容忍和谅解你的，即使你说的是正确的。

我们都知道，“大圣人”孔子最喜欢的弟子是颜回，对于颜回，孔子曾做出过这样的夸奖:“贤哉，回也！一箪食，一瓢饮，在陋巷。人不堪其忧，回也不改其乐。贤哉，回也！”意思是说，颜回真是贤德，住在破烂不堪的小巷子里，饮食条件极为恶劣。别人都不能忍受这样的生活，颜回却能够怡然自得。

孔子最喜欢的弟子是颜回，但最不待见的弟子又是谁呢？答案就是子路，这个在《论语》中出现频率颇多的弟子，却往往是以被批评和被教训的对象出现的。为什么会这样呢？

这与子路的说话方式有很大关系，子路为人刚直，说话不懂得绕弯子，往往不考虑对方的感受，怎么想就怎么说，对老师孔子也是如此，时常指手画脚。举个例子来看：

孔子在自己的国家鲁国多次遭受政治打击后，携众弟子游历各诸侯国。在卫国的时候，曾与当时臭名远扬的南夫人做过“亲密接触”——会过一次面，南夫人是卫灵公的老婆，凶悍淫荡，不仅插手干预卫国政治，还时常与宫外的人私通。在得知老师与南夫人见面后，子路非常不高兴，孔子一回住所，就遭到了子路的指责：老师，你怎么能去见这样的女人呢？估计当时孔子是极为尴尬，也颇为恼怒的，他抱天屈地喊到：“予所否者，天厌之！天厌之！”意思就是说：如果我做的不对，上天嫌弃我！上天嫌弃我！

遍观《论语》一书，很少见到孔夫子这么生气。此外，在许多方面，子路都曾质疑或顶撞过老师，有兴趣的朋友不妨一读。这样看来，子路招人不待见也就不难理解了，试问，一个经常对老师指手画脚的学生，怎么能让老师喜欢呢？

现实中，像孔子这样不喜欢别人向自己指手画脚的人是很多的。不仅是老师和学生，上司和下属，即使平辈论交，一般人也都不会喜欢说话指手画脚的家伙，除非位置打个颠倒，你是老师，是上司，是老板，即使这样，人家也只是屈服你的权力和地位，不见得打心眼儿里接受你的指手画脚。

当然，严格来说，能够对别人指手画脚的人多半都是有“两下子”的人。但正如大文学家罗兰说的那样：“你可以独来独往，但你不能让人觉得你有敌意。你可以自命孤高，但你不必使别人觉得你瞧不起他们。”大多数人都是爱面子的，尤其在我们这个国度，与人说话时，指手画脚，信口开河，只考虑自己的感受，导致别人下不来台，面子难堪，别人是很难容忍和谅解你的，即使你说的是正确的。

历史上这样的例子很多。比如三国时期的杨修，正是自己的心高气傲，对曹操指手画脚，导致了自己最终被杀。再看看韩信，当刘邦问他自己能带多少兵时，韩信回答最多十万。而刘邦问说你能带多少兵时，韩信高傲地回答说，多多益善！韩信不仅功高震主，而且自恃不羁，最终也惨遭杀害难得善终。与此相比，子路实在算是很幸运了。

再来看这样一个故事：

明代开国皇帝朱元璋，出身贫寒，少年时候就放牛，给有钱人家打工，甚至一度还为了果腹而出家为僧。但朱元璋却胸有大志，风云际会，终于成就一番霸业。

朱元璋当了皇帝以后，有一天，他儿时的一位穷伙伴来京求见。朱元璋很想见见旧日的老朋友，可又怕他讲出什么不中听的话来。犹豫再三，总不能让人说自己富贵了不念旧情吧，所以决定见这位穷伙伴。

那人一进大殿，即大礼下拜，高呼万岁，说："我主万岁！当年微臣随驾扫荡芦州府，打破罐州城。汤元帅在逃，拿住豆将军，红孩子当兵，多亏菜将军。"

朱元璋听他说得动听含蓄，心里很高兴，回想起当年大家饥寒交迫时有福同享、有难同当的情形，心情很激动，立即重重封赏了这个老朋友。

消息传出，另一个当年一块儿放牛的伙伴也找上门来了，见到朱元璋，他高兴极了，生怕皇帝忘了自己，指手画脚地在金殿上说道："我主万岁！你不记得吗？那时候咱俩都给人家放牛，有一次我们在芦苇荡里，把偷来的豆子放在瓦罐里煮着吃，还没等煮熟，大家就抢着吃，把罐子都打破了，撒下一地的豆子，汤都泼在泥地里，你只顾从地下抓豆子吃，结果把红草根卡在喉咙里，还是我出的主意，叫你吞下一把青菜，才把那红草根带下肚子里。”

当着文武百官的面，“真命天子”朱元璋又气又恼，哭笑不得，只有喝令左右：“哪里来的疯子，来人，把他轰了出去。”

差不多相同的内容，不同的人用不同的方式说出来，结果也就不一样。这个故事是否真实并不重要，关键在于它点出的道理：一个人对任何事情总是喜欢发表自己主张，而指责别人的看法，往往很容易惹祸上身。

当然，做人应该有自己的独立见解，这说明你善于观察分析而能有所得，自然是一件好事。但是，要把它说出来的话，就不一定会是件好事了，尤其是在与别人的看法相反，或者面对领导的时候。关键还在于你用什么样的方式，是急于表现自己的与众不同，指手画脚地说出来，还是多考虑一点儿别人的感受，采取委婉含蓄的方式，曲径通幽。

此外，需要注意的是，你的意见应该实用性多一点，要从解决问题的角度出发，而不是毫无现实意义的高谈阔论，应该多想一点儿办法，少放一点儿空炮。

出售《圣经》的诀窍

多一点

说话时如果不多注意一下对象、场合、时机、心情等因素，那么即使口才再好，哪怕说的比唱的还好听，也不会有什么好的效果。

来看这样一则小故事：

三个小男孩正在寻找一份暑期工作。正巧，他们的牧师需要雇人为他推销《圣经》。牧师毫不犹豫地雇用了其中的两个男孩，而对于第三个男孩，他踌躇了很长时间之后，才决定雇用他，因为他口吃的非常厉害。

第一天工作结束后，他们在教堂会了面。牧师看着第一个男孩问:“你售出了多少本《圣经》?”

第一个男孩站起来说:“35本。”

“才35本吗?”牧师说。

然后，他看着第二个男孩，问了同样的问题。第二个男孩说:“75本。”

“很好。”牧师回答。

虽然对第三个男孩不抱希望，但他还是问了同样的问题。第三个男孩结结巴巴地说："我……我……我售出了175本。"牧师惊讶极了，问他是如何售出那么多《圣经》的。他说："我……我……我告……告诉他们，如……如……如果他们不买，我就要……就要……为他们读……读一读。"

可以想象一下这三个男孩推销《圣经》时的说话方式，第一个应该是普通的，它所推销的对象多半是那些非常需要《圣经》的人；第二个则应该是带有些技巧性的，能将那些对《圣经》不是太感冒的读者纳入自己的业务内；第三个则化"短"为"长"，充分展示了自己的优势，能让那些对《圣经》完全不感兴趣的人掏腰包。

这虽然是笔者的猜测，但在生活中却有印证。从事过业务工作的人，对此应该都有体会，那些真正优秀的业务精英，口才不一定多么好，但临场应变的能力往往会让客户动心。

目前，关于如何说话的图书，市面上有很多，诸如《这样说话最有用》、《说话说的滴水不漏》、《世界上最会说话的人》等，都得到了读者的追捧，但事实上，关于如何说话，没有一成不变的法则，如何说才能说的好，还得具体问题具体分析，利用自己的优势，多动一点脑筋，随机应变。就像上面故事中的第三个男孩一样。

时移则势移，说话时或主观或客观难免会发生一些仓促之事，这个时候，如果应变不当，那么即使在通常看来最完美的说话方式，也往往会给自己带来麻烦，或大或小地产生一定的不良影响。

再来看一个关于孔子和其弟子的故事：

孔子在带领学生周游列国的途中，有一次，一匹驾车的马脱缰跑开，吃了一位农民的庄稼，这位农民就把马扣住不放。

弟子中子贡能说会道，是众弟子中口才最好的一个，他自告奋勇前去交涉，结果子贡讲了半天道理，好听的话说了一大筐，但农民就是不还马，子贡只好灰溜溜地回来了。

孔子见状，笑着说："拿人家听不懂的道理去游说人家，就好比用高级祭品去贡奉野兽，用美妙的音乐去取悦飞鸟，怎么行得通呢？"于是让马夫前去讨马。

马夫走到农民跟前，笑嘻嘻地说："老兄，你不是在东海种地，我也不是在西海旅行，我们既然碰到一起了，我的马吃你两口庄稼也不是什么大不了的事。"

农民听马夫这样说，再看看与自己相同打扮的马夫，觉得很亲切，就十分痛快地把马还给了他。

子贡的口才够厉害，道理能说的一套儿一套儿的，可却不懂得应变的道理。事实上，说话时如果不多注意一下对象、场合、时机、心情等因素，那么即使口才再好，哪怕说的比唱的还好听，也不会有什么好的效果。

还是拿做业务来说，面对一个客户，事前调查的资料表明，他是个喜欢幽默的人，你在去拜访他时，自然是准备着怎样才能活跃气氛，如何才能显示你的幽默以拉近与客户的距离，很可能你还从一些"推销口才"之类的图书中，学习了不少技巧。结果，在与客户交流时，客户对你表现出的幽默完全无动于衷，甚至有些厌烦的表情。为什么呢？原来是客户有急事赶着出去，对你屡番示意，你却认为只要展现出幽默，博得客户一笑，就能万事大吉。这是典型的不懂得应变，就算你是个幽默天才，也难给客户留下好印象。

所以说，在实际应用中，从书中多学习点儿说话的各种学问与窍门，当然是件好事，但切忌生搬硬套，尽信书不如无书，一定要注意各种现实中的因素，尽可能多一点的提高自己的应变能力，活学活用，这才是提高说话水平的关键所在。

找话题的“七种武器”

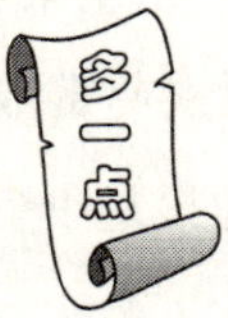

没话找话当然很难受，但很多时候，出于各种原因，我们需要找到一个好的话题和别人进行交流。这时，尽可能多一点的掌握一些找话题的技巧便成了关键。

无论是人际交往，还是求人办事，一个好的话题往往能让我们事半功倍。但如何找话题却不是件容易事，生活中，大概每个人都碰到过“冷场”的尴尬局面吧，这个时候如何应对，便是要考验你“没话找话”的本事——找一个可以让双方继续沟通下去的良好话题。什么才能算是好的话题呢？其标准在于：至少是有一方熟悉的或者感兴趣的，有话可说的；双方都感兴趣，能檫出“感情”火花的；有展开探讨的空间，都能说上一些的。

那么，具体又该怎样正确的找到话题呢？以下的“七种武器”，大家不妨一试：

一、兴奋点

在面对众多不太熟悉的人时，要想进入这个圈子，就得把话题多扯到能引起大家共鸣与兴奋的点上。这类话题通常都具有很强的时效性，是当下社会生活中的热点，大家都想谈，也都能谈几句又爱谈的，譬如北京奥运会、NBA、足球等。这样自然就能有一个良好的交流氛围。当然还要注意这些人的性别、所属的阶层等客观情况。

二、爱好与兴趣

即“兴”入题，根据对方的爱好和兴趣展开交谈。如对方喜欢电影，便可以此为契机，由浅入深，由中到外，先谈梁朝伟、周润发或者港片，不行再扯日韩，对方喜欢韩星就谈赵寅成、李俊基，喜欢艺术可以再扯《杀人回忆》、《罗生门》，如果是小资，则扯岩井俊二；喜欢好莱坞，可以说大片；偏爱欧洲艺术片，可以说伯格曼。总之围绕着对方的兴趣，即使你不是太懂，也能引起他的谈兴，并使他对你产生好感。

三、触“景”生题

“年年岁岁花相似，岁岁年年人不同。”不同的地点，不同的时间，不同的人物，便会有不同的东西，接触这些“景”引发话题，常常能取得很好的效果，其关键在于要有敏捷的思维，能做到由此及彼。如伯牙鼓琴，钟子期听之。刚开始的时候，其志在泰山。钟子期就说道:“善哉鼓琴，巍巍乎如泰山！”之后，其志又在流水。钟子期就又说道:“善哉鼓琴，洋洋乎若江河！”两人由此结为知音。

四、投石法

古时窃贼，入室作案时，为了避免被人发现，往往投石以问路。在与陌生人交流时，如果既想找到话题，又想避免说错话，就不妨用这种办法：提一些“投石”性问题，对对方做初步了解，再进行下一步的交流。

《世说新语》中就曾有这么一个典故：说的是东晋名士顾和还是无名之辈时，专程去拜访丞相王导。王导略微有些不耐烦。顾和考虑以什么样的话题开始交谈，于是采取“投石问路”的办法，对在座的人说道：“以前常常听说丞相辅助皇上，使江南一带得以保全。丞相身体有小的不舒服，就使人感到紧张啊！”王导听后，肃然而“醒”。开始另眼看待这个年轻人，并与顾和进行了深入的交流。后来，王导对人说道：“这个年轻人品德出众，机智聪明，深明处世之道，将来必有一番作为！”

这里，顾和就是用“投石”法，巧妙地引出话题，说的正是王导最担心的问题，功高震主，何以自处？这个“石”自然能引起王导的这个“大湖”的波动。

五、“王婆卖瓜”

要向“王婆”学习，多一点“自我表现”，让别人更好的了解自己，但要注意的是不能“自卖自夸”。说话交谈是一种互动性行为，不能光了解对方，还要让对方了解自己，这样双方才会更亲近。所以说，在寻找话题时，也不妨从自身说起，比如你的工作，你的生活，你的兴趣爱好等。不过需要注意的是，介绍自己不能太过，要注意观察对方，当对方有厌倦或者想要诉说的表情时，应该适当将话语权交给对方，不能自说自话个不停。

六、幽默

在现代人际交谈中，人们对幽默的运用越来越重视。一个好的幽默往往能轻易缩短双方之间的距离，增进彼此的感情。生活中这样的例子很多，笔者就不在此罗列了。需要注意的是，运用幽默时，材料不能太次，诸如“黄段子”之类还是少用为妙，这样容易把话题引向庸俗低级的一面。

七、废话

谁都不喜欢说废话，但又有谁能不说废话？

其实废话还是有一定意义的，要不为什么那么多人用废话做开始的话题呢？诸如“吃了吗？”“今天天气不错啊？”等都是无聊的废话，但却能为交谈做一定的准备作用，就像打球一样，先得热下身。日常生活中，一般的交谈都是从废话开始的，它能给我们制造有利交谈的气氛，也能放松心态。当然，以废话作为话题，只能是个开始，绝不能满口废话。

没话找话当然很难受，但很多时候，出于各种原因，我们需要找到一个好的话题和别人进行交流，这时，尽可能多一点的掌握一些找话题的技巧便成了关键。

以上“七种武器”只是找话题的一部分技巧，事实上，还有很多是需要从生活中学习的，但如果你是一个为此而苦恼者，那就不妨先试着用用这些技窍，相信会有一定的效果。

赞美要让别人知道

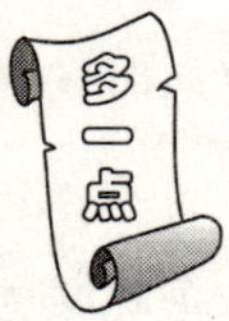

不管是不是别人应该做的，或者别人领不领情，从我们自身做人处世的角度讲，应该说出更多赞美和感谢，这是对自己负责任的一种体现，是一种基本的礼节。

在现代交际中，要成功的与人相处，离不开赞美的语言。赞美甚至有着和爱一样的力量，美国人罗杰斯就曾说过：赞美人和爱人以及被人赞美和爱都能极大地提高和丰富生活。心理学家也证实道：爱听赞美的语言是人类的天性之一，赞美能使人心理上亲和，是别人转变态度的开始，赞美多一点，人际关系自然会好一点。

事实上，大多数人都渴望赞美，尤其是在做了值得赞美的事以后，总是希望得到别人语言上的认同，这往往会使他产生一种成就感，也往往会对赞美他的人产生好感。

有时候人们所需要的赞美其实只是一句简单的“谢谢”，但即使如此，也难以如愿！来看这样一则引人发省的故事：

在一个可怕的暴雨和雷电交加的晚上，当蒸汽渡轮“埃尔金淑女号”撞上一艘满载木材的货轮并沉没之后，船上393名乘客全部掉入密歇根湖水之中，他们拼命挣扎着等待救援。一位名叫史宾塞的年轻大学生奋勇跳入冰冷的湖水中，一次又一次救出溺水的人。当他从几乎能把人冻僵的湖水中救出第17个人之后，终因筋疲力尽而虚脱，再也无法站起来。从此之后，他在轮椅上度过了自己的余生。

多年后，在回答一家报纸采访到那晚之后最难忘的是什么时，史宾塞的回答是:“17个人当中，没有一个人后来回来向我说声谢谢。”

“地球上有30亿人每晚饿着肚子睡觉，有40亿人每晚睡觉前渴望得到一句肯定和鼓励的话，却无所得。”美国职业演说家罗伯特曾这样说过。

把心中的鼓励与感谢说出来，也许因为你的一句话，就会有一个人不需伴着破碎的心和受伤的灵魂入睡。

多说一声“谢谢”，并不是过分华丽的赞美，说出来对他人和自己都很重要，对他人的付出，是一种感激和尊重；对自己所得帮助，是一种良知的基本体现。但为什么就这么难呢？

下面这个小例子或许能给我们一些启示：

有一个美国农妇在劳累了一天之后，为干活的几个男人准备了一大堆干草当晚餐。愤怒的男人问她是不是疯了，农妇答道:“嘿，我怎么知道你们会在意呢？20年来，我一直煮饭给你们吃，你们从不吭声，也从来没有告诉过我你们并不吃干草啊!”

很多人不愿说出感谢和赞美之词，大多是出于下面两个原因：其一，认为别人做的都是分内之事，都是应该做的，比如上面例子中的那些男人们，很可能就是这种看法；其二，怕别人不领情，弄得自己没面子，这个在生活中比较常见，留心一下，应该有这种体会，有些时候，我们赞美和感谢别人，对方或许只是随便的点下头，或者客套的说声“这没什么”、“不客气”，更有些人对别人的感谢和赞美完全没有表示，置若罔闻。

不可否认，这两个原因不能说是没有道理的，但至少是不完全正确的：从我们自身讲，这种行为忽略了他人的努力、热情、帮助和进步等等积极因素，没有促使事情向好的方向发展。

不管是不是别人应该做的，或者别人领不领情，从我们自身做人处世的角度讲，应该说出多一点的赞美和感谢，这是对自己负责任的一种体现，是一种基本的礼节。更何况，真正不在乎赞美的人很少，不管是自己应该做的，还是出于良好的品格，他们都希望得到赞美，按照弗洛伊德的说法，一个人做事情的动机不外乎两点：性冲动和渴望伟大。美国学识最为渊博的哲学家之一约翰•杜威也认为：人类本质里最深远的驱动力就是“希望具有重要性”。对于你的感谢和赞美，他们表面上或许不会有什么表示，但内心多半是高兴的，同时，也一定会对你产生好的印象。

在社会的大流水生产线上，我们每个人在各自的岗位上做着自己分内的事。你在给别人提供着服务，同时也在享用着别人给你提供的服务，你需要得到更多的赞美和肯定，别人亦是这样，如果大家都吝惜的话，结局就是谁也不付出谁也得不到，那该多么可怕。

多一点感恩与欣赏，大方地说出你的赞美，让别人知道，这既是为了别人，也是为了自己。